数学者は昼間の明るい光の中で、厳密さを追究すべくあらゆる角度から自らの方程式や証明を検証する。しかし夜の満月の下では、彼らは夢を見、星々のあいだをただよい、天空の奇跡に心を奪われる。彼らはそうしてひらめきを得るのだ。夢なくしては芸術はなく、数学もなく、人生もない。

——マイケル・アティヤ

数学ではものごとを理解することはない。ただ慣れていくだけだ。

——ジョン・フォン・ノイマン

目次

続・天才少年が解き明かす奇妙な数学！

本書の翻訳原稿は、サイエンスライターの緑慎也氏に精読していただきました。
また、森一氏からも貴重なご意見をいただきました。

はじめに

本書は、数学の中でもこのうえなく常識はずれで魅力的で奇妙極まりない場所の探索に乗り出した私たちが、『天才少年が解き明かす奇妙な数学！』に続いて世に送り出す2冊目の本です。私たちは奇妙な形や数の世界に分け入り、ちょうどガリバーのように、極微小の国と想像を絶する巨大さの国を探検し、ねじれて曲がり角だらけの道を歩きまわり、その途中で、人類史上最大の難題のいくつかに出会うことでしょう。

数学は、多くの人が考えている以上に広い範囲にかかわる学問です。恐ろしいまでに広大なので、数学がどこまでを見通しているのかを考えられるだけでもたいしたものです。数学は私たちの生活のあらゆる面に隠れています。科学や技術の基礎であるだけにとどまらず、音楽や美術や、私たちの周囲にある形やパターンや動き、さらには私たちが遊ぶゲームさえも支えています。プリンストン大の大学院でページを埋め尽くす難解な方程式を解くくらい難しい数学もあれば、子どものためにシャボン玉を飛ばすくらい簡単な数学もあります。数学は私たちを取りまく宇宙の隅々にまで行きわたり、現実の基礎構造の一部をなしているので、私たちは毎日、毎時間、毎分、数学をしているようなものです。1, 2, 3, … や円の対称性のようにおなじみの数学もありますが、数学の大部分は常識はずれで、まばゆく美しく多様で、そして変わっています。数学のすばらしさと奇妙さには、文字通り果てがありません。

本書の著者ふたりは、普通の共著者とは少し違っています。片方（デイヴィッド）は物理学と天文学を修め、これまで35年にわたって宇宙論から意識の問題までさまざまな主題の本を書いてきました。もう片方（アグニージョ）はまだ十代の数学の天才で、数年前からデイヴィッドに数学の個人指導を受けてきました。2018年には国際数学オリンピックで満点（42点）を獲得し、数学の研究を続けるべくケンブリッジ大学に入学したところです。私たちは3年ほど前に

『天才少年が解き明かす奇妙な数学！』に取り掛かり、各章を分担して執筆したうえで互いの原稿をチェックしあいました。アグニージョは数学そのものに焦点を合わせ、デイヴィッドは文意を明確にしたり歴史的な背景や人物像を加筆したりしました。この共同作業は予想以上に成功し、しかも比較的ストレスも少なかったので、続編を企画しました。それが本書です。

数学という分野では新たな進展がたくさん見られています。発見のペースは目が回るほどで、そのため本書では『天才少年が解き明かす奇妙な数学！』に書かれなかった内容がいくつもの章で取り上げられています。しかし私たちの目標は前著のときと同じです。それは、数学の中で最も変わっていて、興味深く、重要な発想を、一般の読者にもわかる形で提示すること。そして、説明が難しそうだからという理由だけで特定のテーマを避けて通ったりはしないということです。「正しい表現で説明すれば、誰でも数学を把握できる」というマントラが、依然として私たちを支えています。私たちはまた、数学がいかに日常生活のあちこちに隠れているかや、数学が科学やその他の分野にとってどれほど役立っているかを、可能な限り伝えようと努めました。

この世で一番驚異的でありながらしばしば誤解されている数学という学問に対する私たちの熱い思いが、本書のページからあふれていることを願ってやみません。数学は時に本当に奇妙に見えますが、何にも増してまぎれもなく人間の情熱の発露であり、ホモ・サピエンスならではの喜びと弱点に満ちているのです。

第1章

迷路・迷宮からの脱出

あるとき、崔奔(さいぺん)はこういったに相違ない、**隠退して本を書こう**と。また
あるとき、**隠退して迷路を作ろう**と。すべての人間が、それはふたつの
仕事だと思った。本と迷路はひとつだと考えた者は一人もいなかった。
〔岩波文庫『伝奇集』(鼓直訳)による〕

——ホルヘ・ルイス・ボルヘス

世界一有名な迷路は、おそらくは架空の存在だったと思われます。もし実在したとしても、(クレタの古い硬貨に描かれている絵と似たものだったなら)簡単に解けたことでしょう。伝説によれば、クレタのミノス王の命により、怪物ミノタウロスを閉じ込めるために工匠ダイダロスが曲がりくねった道からなる「ラビュリントス」(迷宮)を作ったとされています。牛頭人身で凶暴なミノタウロスは、海神ポセイドンがミノス王に与えた白い雄牛と、王妃との間にできた子でした。ミノス王は戦争で破ったアテナイの市民を懲らしめるため、迷宮の奥にひそむミノタウロスへの生贄(いけにえ)として定期的に若い男女数人を差し出すよう求めました。ある時、アテナイのテセウスという英雄が生贄の若者のひとりとして恐ろしい迷宮に入ります。彼はミノス王の娘アリアドネから渡された糸玉の糸を繰り出しながら進み、ミノタウロスを殺し、糸をつたって入口まで戻りました。

ミノス王の迷宮がどのような構造だったのかはわかりません。いずれにせよ、ただの伝説であり、実際に人間が作った建物ではなく、作り話の可能性が大です。今も残っているのは、ミノタウロスの“巣穴”の構造が描かれた紀元前300～100年頃のクレタ島の硬貨だけです。それらの硬貨の迷路の大部分は単純ながら創意に富んだパターンを持ち、典型的な例は7重あるいは8重の一筆書き迷路の形をしています。ここでいう「何重か(いくつレベルがあるか)」は、

迷宮の外から最終目的地（迷宮の中心）まで直線を引いたとして、中心に至るまでに道がその線を何回横切るかをあらわします。「一筆書き」は、入ってから出るまでの道は一通りしかないという意味です。なお、迷路（maze）と迷宮（labyrinth）の違いは、その言葉を使う人次第です。

迷路や迷宮にあたる単語がひとつしかない言語もあります。たとえばスペイン語のlaberintoにはmazeとlabyrinthの両方の意味があります。古英語のmazeは「混乱させる」「狼狽させる」という意味で、一方labyrinthはギリシャ語の*labúrinthos*がもとになっていますが、この*labúrinthos*の語源については諸説があります。一部の研究者は古代リディア語の*labrys*（王の権力の象徴である「両刃の斧」の意）が語源だと考えています。彼らの説によれば、両刃の斧の宮殿——クレタ島のミノア文明の王の館——の一部が迷宮になっていたからだとされますが、その結びつきに確証はなく、疑問が残ります。いずれにしても、迷路と迷宮をどう定義し、どのように使い分けるかは、私たちの選択に任されています。

本書が扱っているのは主に数学的な内容ですから、私たちは、迷宮は迷路のなかの特別なタイプ——一筆書き迷路——である、という前提を立てましょう。だとすれば、迷宮とは、ぐるぐると入り組んだ道で、かつ（来た道を戻る場合を除いて）どちらの道を進むかという選択肢が存在しないものにすぎないと言うことができます。それに対して、迷路は一般にいくつもの枝分かれを持つ道で、迷路の設計者の考え通りに、複雑さや人を惑わせる要素を盛り込んだ配置になっているものです。迷路には入り口や出口が複数あったり、行き止まりが何ヵ所も設けられていたりすることがあります。迷宮の方は分岐のない1本道で構成されているだけで、道をたどると迷宮の敷地全体を通ることになるため、とても長い距離を進まなければならないこともありますが、最終的には中心点に到達し、そこから同じ道を戻ります。ですから入口（＝出口）は1ヵ所しかありません。

迷宮は、ふだんとは違う環境の中で時を過ごせる場所ではあっても、それほど知的な刺激を受ける場所ではありません。逆にそのため、しばしば瞑想の一形式として採用されます。「迷路では己を見失い、迷宮では己を発見する」と

ベルギーのロシュフォールにあるノートル＝ダム・ド・サン＝レミ修道院のシャルトル様式の迷宮。

いう言葉は正鵠(せいこく)を射ているといえるでしょう。自らの心を省みる場に迷宮のデザインが使われているのも驚くにはあたりません。有名な例に、シャルトル大聖堂の身廊の床のラビリンス（迷宮）があります。輪郭線は濃い藍色の大理石、道の部分は白い石灰岩の平板276枚で描かれたこの迷宮は、直径が13 m弱です。とぐろを巻いた蛇のような道を歩くには十分な大きさがあり、13世紀初めに完成して以来、多くの巡礼者がこの迷宮の路をたどってきました。11重の同心円の中心にかつてミノタウロスの姿が描かれていたという風説がありますが、迷宮の中核をなすシンボリズムは当然ながらキリスト教的です。シャルトルの迷宮デザインのいちばんの特徴は、十字架をあらわす十文字の“枝”と、エルサレムへの道を象徴する曲がりくねった通路です。聖都エルサレムへの巡礼には行けない人々も、この身近な代用品を歩く（特に敬虔な信者はひざまずいて進む）ことで手軽に巡礼の旅を模すことができました。装飾的な美しさの点から見れば、世界の教会にあるこの種のデザインの中で最高というわけではありませんが、シャルトル大聖堂の床の迷宮こそが原形と考えられており、他の類似の迷宮は「シャルトル・ラビリンス」や「シャルトル迷路」と呼ばれています。

それ以外にもさまざまな種類の迷宮パターンが、新石器時代や青銅器時代から現代までのあらゆる時代に世界各地で生み出されてきました。前述のように、それらは「解答を見つけるパズル」ではなく、宗教行為や精神修養や儀礼や式典で使われるものとして意図されています。大昔の北欧の漁師たちは出漁前に迷宮を歩いて豊漁と無事帰還を願い、ドイツでは若者が成人への通過儀礼として同様の行為をしたと考えられています。けれども、迷宮の作成と設計の動機がそのようなものだったからといって、迷宮への数学的関心が薄れることはありません。比較的小さなスペースに長い道を詰めこむための工夫や技巧は、それ自体で十分に魅力的です。実際、「シード（種子）」と呼ばれる形——短い線からなる対称性を持つパターンで、迷宮の通路の描き始めの部分を規定する——を中央に置いて、そこから一筆書き迷宮を作る多種多様な方法を追究した研究もあります。そうして作られる迷宮は、入り口を入って最初に曲がる方向によって右回りと左回りのどちらにもできますし、通路が何重になるかもさまざまで、全体の形も（主にシードの選び方に応じて）何十通りもありえます。

一筆書き迷路を徹底的に分析した最初の数学者は、膨大な数の論文をものしたことで知られる18世紀半ばのスイスの理論家レオンハルト・オイラーでした。彼が一筆書き迷路に関心を抱いたきっかけは、ロシアのサンクトペテルブルク科学アカデミーに在籍していた1736年に「ケーニヒスベルクの橋」問題の解答を示したことでした。この問題は、「東プロイセンのケーニヒスベルクの町（現ロシアのカリーニングラード）の7つの橋を、同じ橋を2度渡ることなしにすべて通って、出発点に戻ってくることは可能か」というものです。1本の川に中州が2つあり、6本の橋が中州と川の両岸を結んでいて、7本目の橋は中州同士の間に架かっています。オイラーは問題を解きやすくするために、橋の位置関係を数学的な要素に置き換えました。そして、必要な情報は橋同士がどのように連結しているかだけであることを見出しました。すなわち、陸地は点と捉えることができ、橋は2点を結ぶ線と見なすことが可能なのです。オイラーは、点とそれらを結ぶ線がどのように配置された場合でも、ある一定の条件さえ満たしていれば、すべての連結線を1回だけ通って出発点に戻れることを証明しました。その条件は、奇数本の線が出ている点が0個または2個のいずれかであること、というものです。ケーニヒスベルクの橋の配置はこのルー

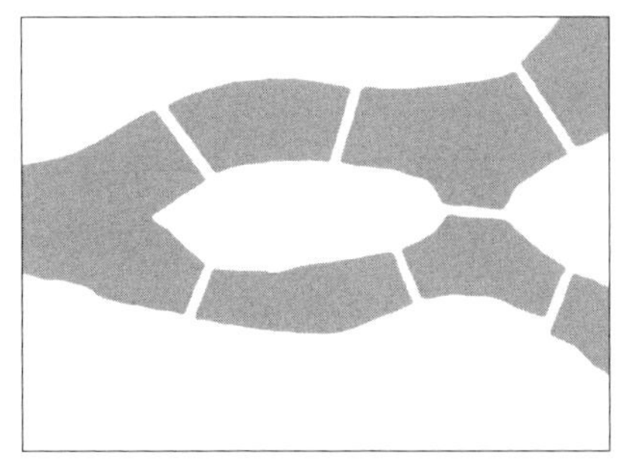
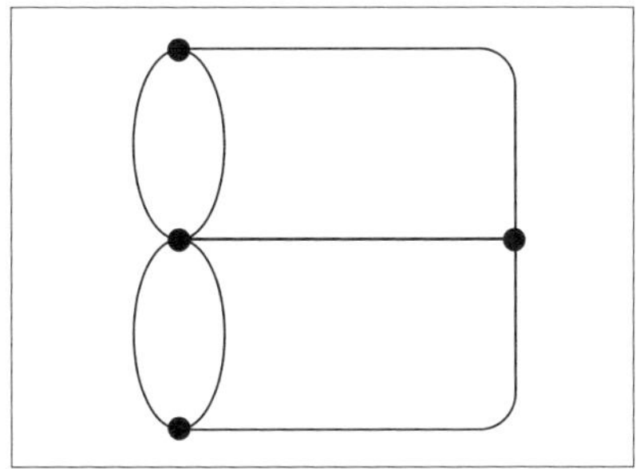

ケーニヒスベルクの7つの橋とその数学的な位置関係

ルにあてはまりませんから、すべての橋を1回だけ通って出発点に戻ることはできないという答えになります。

この有名な問題に対するオイラーのアプローチの見事な点は、一般化が可能だということです。ケーニヒスベルクの橋の分析は、一筆書き図形に関する初めての明確な数学的定義でした。一筆書きができるのは、上述のルールに合致する図形のみです。しかし、それ以上に大きかったのは、この問題に関する彼の論文が「グラフ理論」という新しい数学分野を生みだしたことと、黎明期にあった「トポロジー」というもうひとつの分野の発展に重要な意味を持っていたことでした。

グラフ理論もトポロジーも、一筆書きより難しい“一筆書き型ではない迷路”に数学者が取り組む際に使うツールです。一筆書きができない迷路は頭の体操として作られますが、それにとどまらず、2次元、3次元あるいはそれ以上の高次元にも存在が可能で、一見したところおよそ迷路には見えない形をした悪魔的に難解なものにもなりえます。

歴史的に実在した記録がある最古の迷路は、紀元前5世紀のギリシャの歴史家ヘロドトスが書き残したものです。彼はエジプトのとある迷路について、あまりに壮大すぎて「ギリシャのあらゆる工作物や建築物を全部集めても、労働力と費用の点でこの迷宮にはかなわないに違いない」と述べています。彼が見たエジプトの建造物が、実際に（一筆書きできるタイプの）迷宮だったのかどうかはわかりません。けれども、もしヘロドトスを信じるなら、12の中庭と3000

の部屋を持ち、一方の端には高さ243フィート（74 m）のピラミッドがあるというその迷宮は、間違いなく壮観そのものだったことでしょう。

もっと現代に近いものとしては、ヨーロッパの王族が所有地に作った迷路があげられます。迷路の目的は、招待客を楽しませるためや、秘密の会合を開くため、あるいは密会のためなどでした。なかでもテムズ川に面したハンプトン・コート宮殿の迷路園（1700年頃に造園）は最も有名で、今では観光名所になっています。植栽で作られた迷路としてはイギリスに現存する最古の例で、広さはおよそ60エーカー（243,000 m^2）あり、通路の壁をなす植物が高く茂って先が見通せません。ただ、最後まで通り抜けるのはそれほど難しくありません。一筆書きではないものの、道の分岐は数ヵ所しかないため、長時間迷い続けることはないのです。作家のダニエル・デフォーは『*From London to Land's End*（ロンドンからランズエンドまで）』という作品でこの迷路園に触れていますし、同じく作家のジェローム・K・ジェロームが書いた小説『ボートの三人男』には次のようなくだりがあります。

> まあ、話の種にちょっと入ってみよう。しかし、実に単純なものさ。迷路と呼ぶのもおかしいくらいなんだ。右へ曲がりつづければいいのさ。10分も歩けば出られるだろうから、それから昼食にしよう。

イタリアのヴェネツィア郊外の町ストラにある「ストラの迷宮」は、それよりはるかに複雑です。ヴィラ・ピサーニ（ピサーニ家の邸宅）の敷地内に1720年に作られたこの庭園迷路は、一般公開されている迷路の中では世界で最も解きにくいもののひとつと言われています。聡明で優れた数学者でもあったナポレオンですら、抜けられなかったと伝えられます。しかし、9つの同心円で構成され、いくつもの開口部や枝分かれを持つこの迷路のゴールまでたどりつくことのできた人は、中心にある塔のらせん階段をのぼって迷路の全体像を眺めることができるのです。

アメリカ合衆国には、記録破りの迷路が2つあります。ハワイのドール・プランテーションの広大な「パイナップルガーデン迷路」は1万4000本の熱帯植

英国ヘレフォードシャーのシモンズ・ヤットにある八角形のジュビリー迷路

物が全長約4 kmの迷路を形作っていて、2008年に世界最長の迷路に認定されました。カリフォルニア州ディクソンにあるクール・パッチ・パンプキンズも負けてはいません。こちらはトウモロコシを植えて作られており、常設ではない世界最大の迷路としてギネスブックに載りました。閉園時間までに迷路から脱出できないかもしれないという不安と恐怖にかられた来園者が、911〔日本の110番と119番に相当するアメリカの緊急時用電話番号〕に電話をして救助を要請したという逸話があるほどです。

さて、あなたが何の予備知識もなしに、知らない迷路に入ったとします。その迷路の広さや長さも、どのくらい複雑かもわかりません。壁は高く、向こう側はまったく見えませんし、通路には他の人が誰もいないため情報交換もできません。あなたが知らされているのは、迷路の中心にゴールがあって、そこにたどり着けば迷路を解いたと認められることと、ゴールに至る道が少なくとも1通りあるということだけです。古典的かつ単純なアプローチとして、「壁伝い法」があります。右手側か左手側のどちらか一方の壁だけに触れながら、ひたすら歩き続ける方法です。多くの場合これでうまく行き、いずれはゴールにたどり着けます。ただし難点が2つあります。まず、非常に時間がかかるかもしれないこと。次に、迷路の中にループ回路〔一巡りして元の場所に戻ってしまう道筋〕があったり、外壁につながっていない行き止まりがあったりすると、役に立たないことです。決して期待外れに終わらずに体系的な方法で迷路を解くためには、数学を使うのがカギです。

オイラーの方法に従うなら、迷路脱出に成功するための第一段階は、迷路を抽象的な図形に変えることです。これには、ネットワーク・トポロジーと呼ばれる分野の考え方を用いることができます。迷路を抜けるうえで考えるべきは、選択肢の中からどれかを選ばなければならない場所（いわゆる「決断点」）でどう行動するかだけです。最初の決断点は、入り口です。迷路に入るか、入らないかを選べますから！　行き止まりも決断点です。ただし、立ち尽くすか、来た道を戻るかの二者択一しかありません。道が2本以上に分かれていて、どれを進むかを選ぶ場合は、もっと面白味があります。仮に、ある迷路がネットワーク形式で図示されていたら――言い換えれば、一連の点が線で結ばれた図で示されていたら――、解き方、すなわち入り口からゴールへ行く最も良い方法を見つけるのは容易です。ロンドンの地下鉄のような複雑な地下交通システムを考えてみましょう。地下鉄網は迷路に似ていて、慣れていない人はとまどいますが、駅の壁や車両内に掲示されたネットワーク形式の路線図を見ることで、出発点の駅から目的の駅までの行き方がわかります。

とはいえ、私たちが考えているのは、そういった地図などはない迷路に入る場合です。そこで出番になるのが、ポップコーンの袋とピーナツの袋です。道に迷った時の非常食ではありません。通った道にポップコーンとピーナツを置きながら進むことで、オイラーがケーニヒスベルク問題で発見した内容を活用できるのです。この方法を使うと、決断点でどの道を選んでも、同じ道を2度（進む時と引き返す時）以上通る愚を避けられます。やり方を説明しましょう。ポップコーンを置きながら迷路を進み、決断点では必ずポップコーンを置いて、“ポップコーンの道”を作ります。これで、一度通った道を示す目印ができます。2度目に同じ道を通る（来た道を戻る）時には、“ピーナツの道”を作ります。ピーナツの目印がある場所にまた来たら、「その道を進んではいけない」とわかります。これで、いくらか体系的に進めるようになります。もしポップコーンのない決断点に来たら、そこを「新しい節点」と呼びます。ポップコーンを置いて、「古い節点」に変えます。同様に、ポップコーンのない道は「新しい道」と呼びます。進みながらポップコーンを落としていきましょう。次にその道を通る時（先が行き止まりだったなどの理由で戻ってくる時）には、そこは「古い道」なので、ピーナツを置きながら歩きます。

これを頭に入れておけば、迷路を解くことができます。入り口ではどの道を選んでもかまいません。新しい節点に着いたら、新しい道のうち好きなものを選んで進みます。新しい道を通った先で古い節点あるいは行き止まりに行き着いたら、回れ右をして、来た道を戻ります。古い道を戻って古い節点に着いた時、そこに新しい道があれば新しい道を選び、なければ古い道をさらに戻ります。同じ道に2度入ってはいけません。ポップコーンとピーナツをたくさん持ってこの手順を続ければ、中心点に到達できます。あとは、ポップコーンだけが置かれている道をたどって戻ることで、入り口に帰り着けます。

あるタイプの問題のクラスを確実に解くことができる、しっかり定義された一連の指示を、アルゴリズムと呼びます。上で紹介した迷路を解くための方法は、最初の考案者である19世紀のフランスの著述家シャルル・トレモーにちなんで、トレモーのアルゴリズムと呼ばれます。今ではこの方法は、「深さ優先探索（DFS）」というアルゴリズム——数学において「木」や「グラフ」として知られるデータ構造の探索に使うことができるアルゴリズム——の一種だとみなされています。木もグラフも、点（別の呼び方では節点／頂点／ノード）が線（枝／辺／エッジ）で結ばれた構造です。特にグラフ理論は、前述のようにオイラーのケーニヒスベルク問題についての著作から発展しており、迷路を解くのに役立つ多くのアルゴリズムがそこから生まれました。また、一見するとおよそ迷路には見えないもの——たとえばルービック・キューブ——を迷路に変換するための強力なツールでもあります。

一般的な3×3×3のルービックキューブは、驚くなかれ、43,252,003,274,489,856,000（4325京2003兆2744億8985万6000）通りの配置が可能です。これらの配置のひとつひとつが、おそろしく複雑な迷路の判定点に相当します。ただでたらめにキューブを回して6面を完成させるのは、惑星くらいの広さの複雑な迷路を酔っ払いが千鳥足で歩いて中央のゴールにたどりつくのと同じくらい、低い確率でしか起こりません。そこそこ短い時間で6面を完成させるカギは、すでに正しい位置にあるピースを乱さずに、できるだけ多くのピースを狙った位置にもっていけるようにアルゴリズムを使うことです。

グラフ理論には、グラフの直径という概念があります。グラフの直径とは、最も離れた2つの節点を結ぶ最短距離の経路にある節点の数のことです（行き止まりを引き返したり、迂回したり、ループしたりする場合は除外します）。ルービックキューブでは、これが任意の出発点（このうえなくランダムな配置の時も含む）からパズルの完成までに必要な最小の手数に等しくなります。キューブの発明は1974年ですが、キューブに関するグラフの直径——時に「神の数」とも言われました——が計算で割り出されたのは、ようやく2010年になってからでした。グーグルの研究者を含むチームがコンピュータを稼働させ、CPU時間〔コンピュータの中央処理装置であるCPUの稼働時間。計算にかかる時間のうち、プログラムを実行するためにCPUを占有した時間。どんなCPUをいくつ使うかによって変わる〕を35年分使って（実際の計算にかかった時間は数週間）見つけた答えは、わずか20でした。驚くほど小さいこの数字を見れば、トップレベルのスピードキューバー（高速でキューブを解く人）が、でたらめな配置からスタートして5秒足らずで6面を完成させるのも納得できます。6面完成までの世界記録は、2017年9月にアメリカの15歳の少年が作った4.69秒です〔2019年2月の時点では、中国の杜宇生（とうせい）が記録した3.47秒〕。20という数は、少なくとも、それが物理的に可能であることを説明しています。信じがたいほどの熟練に至る本当のカギは、長時間練習をし、多様な効率的アルゴリズム〔問題を解くための手順〕を頭に叩き込むことです。目隠しをしてキューブを解く人の場合には、それに加えて並はずれた記憶力が必要になります。

時には、大自然が複雑な迷路を作ります。そうした迷路で人々が迷うこともよくあります。南フロリダの広大なマングローブ群生地では、曲がりくねった水路の両岸に高さ70フィート（21 m）ものマングローブがびっしりと生えて、見通しのまったくきかない壁になっています。水路はそれほど長くないのですが、ガイドや地図なしでここに入り込んだカヤックは何時間も中をぐるぐる回り続ける羽目に陥りがちです。地形自体が天然の迷路を形成することもあり、そういう場所はしばしば観光スポットとして人気を集めています。米国サウスダコタ州ブラックヒルズのラピッド・シティ近くにある岩の迷路は、巨大な花崗岩に割れ目やヒビが入った結果、曲がりくねった狭い通路ができたものです。

地下の入り組んだ洞窟が迷路になっている場合は、3次元的な要素も加わるのでより複雑です。特に入り組んだ洞窟迷路のひとつに、ウクライナのコロリフカ村近くにあるオプティミスティッチナ洞窟があります。比較的近年（1966年）に発見されたこの洞窟は、厚さ30 m弱の石膏（せっこう）層の中に形成されており、通路のほとんどは幅が3 m未満、高さも最大で1.5 m程度しかありません（通路の交差する場所ではもっと高いこともあります）。これまでに地図に記された洞内通路の総延長は256 km以上で、知られている限り世界で5番目に長い洞窟です。では最長の洞窟はどこかというと、米国ケンタッキー州中央部にあるマンモス・ケーブ（マンモス洞窟）が群を抜いて1位です。石灰岩の内部にできた通路の総延長は663 kmもあります。この洞窟ができたのは3億年以上前とされます。

1970年代初めにマンモス・ケーブの調査と地図作りを手伝ったアマチュア洞窟探検家のひとりに、研究開発企業ボルト・ベラネク・アンド・ニューマン（現BBNテクノロジーズ）でプログラマーをしていたウィル・クラウザーという人物がいました。彼はARPANET（インターネットの先駆け）を開発した少人数のチームのメンバーでした。卓上ロールプレイングゲーム『ダンジョンズ＆ドラゴンズ』の愛好者だった彼は、洞窟探検にファンタジーロールプレイングの要素を加えたコンピューターシミュレーションというアイディアを思いつきます。その結果1975〜76年に開発されたのが『コロッサル・ケーブ・アドベンチャー』ゲームで、『アドベンチャー』や（実行ファイル名にちなんだ）『Advent』という名称でも知られています。クラウザーが最初に書いた700行のFORTRANコードは、スタンフォード大の大学院生ドン・ウッズによって拡張され、ウッズがトールキンの著作のファンだったことからファンタジーのアイディアや設定が増やされました。この拡張バージョンは1977年までに完成し、ほどなく米国その他のプログラマーの間で広く知られるようになります。このバージョンは3000行のコードと1800行のデータで構成され、140地点の

米国ケンタッキー州のマンモス・ケーブのロタンダ・ルーム（円形広間） USGS photo

マップと293語の語彙、53点のオブジェクト（うち15点は宝物）、旅程表、さまざまなメッセージが含まれています。そのうち最も有名なメッセージは、「あなたは、どこも同じように見える曲がりくねった狭い道の迷路にいます」です。ゲームの醍醐味のひとつに、紙とペンで迷路の地図を作る方法を解明する点があります。そこで役立つアプローチが、迷路を進んで入った部屋に、目印としてオブジェクトを落としていく、という方法です。

さて、迷路の話をする以上、クレタ島南部ゴルテュンの石切り場の地下にあるラビュリントス洞窟ははずせません。ミノア文明のクノッソス宮殿からはわずか20マイル（32 km）程度です。一部の研究者は、この洞窟のトンネルや大小の広間の連なりこそミノタウロス伝説のもとであると主張しています。訪れた人々は長さ4 kmの入り組んだ通路を探検し、途中で「アトラスの間」などの大きな空間も目にします。かの有名な伝説がこの天然の迷路に触発されて生まれたのかどうかは永遠の謎ですが、ラビュリントス洞窟それ自体も歴史上の魅力的なエピソードに事欠きません。たとえば、ルイ16世の密偵たちがここから秘密作戦を行ったとか、第2次世界大戦中にナチスが洞窟を秘密の弾薬庫として利用した、などです。

第1章

迷路・迷宮からの脱出

心理学者は動物の認知能力の実験に迷路を使い、人工知能の研究者は迷路を最も効率的に進むことのできるロボットの発明に挑戦しています。インターネットという名の迷路は人間の叡智が作り出したうちで最も複雑なもののひとつですが、その叡智が宿っている場所は、私たちの脳を構成するニューロン（神経細胞）とそれらの相互接続で作られた迷路の中です。興味深いことに、米国のジョンズ・ホプキンス大学のジェイムズ・クニェリムと同僚たちは、ある種の状況下（たとえばある人の顔を前に見たことがあるかどうか思い出そうとする場面）での脳のはたらきは、ラットが迷路を進む時の様子に似ていることを発見しました。その顔に見覚えがあるかどうかについて脳の海馬の異なる部分が2通りの異なる結論を示し、次に脳の他の部分が“投票”して決定を下します。研究者たちは、ある迷路の抜け方をラットに教えてから、迷路内の目印のいくつかを少しだけ変えた時、ラットの脳内でこれと似た意思決定プロセスが行われることに気付いたのでした。

頭の体操として迷路を作ったり、瞑想のために迷宮を作ったりする時、私たちはある意味で自分自身の脳のしくみや機能のしかたを外在化させています。アルゼンチンの作家ホルヘ・ルイス・ボルヘスは、時間や精神や物理的現実といったこの世界の大いなる謎の一種の隠喩（メタファー）として、迷宮を繰り返し用いました。この章のエピグラフは彼の『八岐(やまた)の園』（1941）という短編から取ったものです。一方、『アベンハカン・エル・ボハリー、おのが迷宮に死す』（1951）という短編では、登場人物のひとりである数学者アンウィンがこう言います。「迷宮を作る必要はないんだ、宇宙全体が迷宮なんだから」。

第2章

無とゼロとその周辺

私は無について語るのが好きだ。私がいくばくか知っている唯一のものだから。

——オスカー・ワイルド

ゼロ。それは、とりたてて問題にするようなことではありません。少なくとも、口座の残額や、受け取ったバースデーカードの数や、キャリーオーバーの出ている宝くじであなたが大当たりする可能性がゼロだというような場合でなければ。また、ゼロとは何かということも明白なように思えます。誰もがゼロが何を意味するか知っていますし、ゼロの存在をあたりまえだと思っています。かつて、数学者がゼロなしで生きていた時代があり、ゼロは発見される——あるいは発明される——必要があったなんて、想像しがたいことです（ゼロについて「発見」と「発明」のどちらの表現を使うかは、あなたの見方次第です）。

もちろん直観的には、ゼロの概念は歴史が始まる前からありました。どんな人間も（あるいは動物でも）、食べ物や棲家がゼロなのはどういうことか知っています。何も持っていないことは——言い換えれば、何も持っていないことで生じる脅威は——、生き残るために何かしなければという動機を与えます。

他の学派、たとえばアリストテレス学派などでは、「無であること」は「不可能であること」でした。彼らの考えでは、結局のところ無とは、「存在することのできないもの」のことです。それは本来の性質上、存在（空間、時間、物質、エネルギーまで含む）の否定ですが、「必ず何かが存在していなければならない」と彼らは考えました。その立場からアリストテレスは、もしも宇宙がどこかの時点で創造されたのなら、その前に空虚（何もない空っぽ）がなくてはいけないことになるが、自分は空虚を認めない、従って宇宙は永遠であるに違いない、と論じました。一方、他のギリシャ哲学者たちの中には、それに異を唱える人々もいました。

デモクリトスとその流れをくむ人々は、すべての物質は原子からできていると考えていたので、原子が動きまわれる場所としての空虚がなければならないと主張しました。はるか後の時代になって、科学者たちは原子が実在することを発見します（ただしそれは古代の原子論者たちが考えていたものとは大きく異なっていました）。しかし、中世のヨーロッパでずっと支配的だったのは、アリストテレス哲学の方でした。中世のカトリック教会は空虚をひどく恐れ、宇宙が永遠であるという考え方に固執したあまり、創世記よりもアリストテレスを優先させたほどでした。アリストテレスの世界観のモットーは「自然は真空を嫌う」です。そのため最初期の科学者たちは、もしかつてどこかで真空が生成しはじめたことがあったとしても、自らを満たすために周囲に力を及ぼして物質を引き寄せるであろうから、恐るべき空虚には至らないはずだ、と考えていました。

数学に目を向けてみましょう。私たちは子供の頃から無——つまりゼロ——の概念にあまりに慣れ親しんでいるので、歴史上の記録にゼロが初めて登場するまでに長い年月がかかったと聞くと、奇妙に感じます。けれども実際のところ数学は、何かをいくつ持っているかや貸し借りがいくらかを把握したり、ものの大きさを測ったりという純粋に実用的なところから始まりました。自分が18頭の馬や43匹の羊を持っているならそれを数える方法が必要ですし、馬と羊を何頭か買い足したり、逆に売ったりする時は、手元にいるのが何頭になるか計算できないと困ります。けれども、自分がひとつも持っていないものについて、数を把握する必要があるでしょうか？　壁を築く気がないのに、レンガが何個必要か計算する必要があるでしょうか？　数学の出発点は、抽象的な思考ではなく、毎日の生活の中で出合う現実的な出来事に根ざしていました。数学は商人や、支配層の簿記係や、建築家の道具でしたから、数というものが現在よりもはるかに具体的な意味を持っていました。特定の品物8個（たとえばオリーブオイルの入った壺8個）から、一般的な「もの」8個を経て、実体のない「8」

という本質に至るのがどれほど大きな知的飛躍かは、容易に想像できます。ゼロ個のものを扱う方法を手にしたとして、それを即座に使えるわかりやすい用途はありません。

私たちの遠い先祖は、正の整数1, 2, 3 … から出発しました。ゼロが現れたのはずっと後になってからで、その登場の道筋は不確かで入り組んでいます。ゼロがいつどのように出現したのかを一層複雑にしているのは、ゼロに2種類の異なる用途——数が何もない位を示すしるしとしての役割と、他の数と同様の数字としての役割——があることです。たとえば3075という数字では、0は3を正しい位置に（百の位ではなく千の位に）置く働きをしています。けれども、1よりも1だけ小さい数としてのゼロは、それとはまったく違う役割を果たします。この場合、ゼロを一定の性質を持つ数として算術に組み込む必要が出てきます。ゼロを足す、掛ける、あるいはゼロで割ると、何が起こるのでしょうか？　次に、新たに登場した知的創造物であるゼロを、上述の2つの大きく異なる用法——記数法と、数の名前——でどうあらわせばよいか、また、その際には「プレースホルダーとしての（空っぽの位を示すための）ゼロ」と「それ自体が数であるゼロ」のそれぞれの役割に応じて、違うあらわしかたにすべきかどうか、という大きな問題が生じます。ちなみに、zero（ゼロ）という単語はアラビア語の*sifr*（シフル）が語源で、英語のcipher（サイファー）（暗号）も同じ語源から派生しています。

イラク南部で出土した、紀元前3100～3000年頃の粘土板。ゼロをあらわす記号の現存する最古の例は、このような粘土板に記されている。

数学において最初にゼロの概念が現れたのは、2桁以上の数を間違いなく記すためのプレースホルダーとしてでした。数字を並べて書き、その中の位置で位（くらい）を示す「位取（くらいど）り記数法」は、少なくとも、バビロニア人がその方法を使い始めた4000年前まで歴史をさかのぼれます。ところが、彼らが空位をあらわすための記号が必要だと考えていた証拠はどこにもありません。たとえば、粘土板に尖った道具を押し付けて楔形文字を記した紀元前1700年頃の記録文書が残っていて、それらの粘土板から、バビロニア人が数をどう表記し、どのように算術をしていたのかをうかがい知ることができます。彼らの記数法は私たちの方法とは大きく異なり、10進法ではなく60進法でした。また、私たちは1036と136が区別できる書き方をしますが、古代のバビロニア人は最初のうちはその区別をせず、文脈から判断していたことが明らかに見て取れます。私たちが空位を示すためにゼロを使うような形で彼らがある種の記号を記しはじめたのは、紀元前700年頃です。都市国家ごとや時代ごとにいろいろな記数法が使われましたが、バビロニアとメソポタミアの粘土板では、私たちが0を書くであろう場所に、楔形文字が記されています。同様の発想は、別の時代や他の文明にも見られます、たとえば中国では、算木（さんぎ）で数を示す時には、空位のところはあけて（空白にして）いました。マヤ文明にも、プレースホルダーとしてのゼロにあたる文字がありました。

位取り記数法を使わないとどれだけ不便かは、別の記数法（ある記号がある決まった数をあらわし、変えることができないような方法）で算術計算を試みればすぐにわかります。古代ローマは、この面倒なアプローチを採用していました。古代ローマの将軍や政治家たちについてや、征服の歴史、統治方法や都市計画については山ほど逸話が語られているのに、数学でローマ人が画期的な業績を残したという話をあまり聞かないのは、そのせいかもしれません。ローマでは、7つの文字で数をあらわしました。Iが1、Vが5、Xが10、Lが50、Cが100、Dが500、Mが1000です。これは、少し数が大きくなるとたちまち厄介なことになります。たとえば1999をローマ数字で書くとMCMXCIXですし、5000より大きな数をあらわすのは恐ろしく大変です。もうひとつの大問題は、このローマ式記数法での計算です。私たちにとって、47＋72＝119の計算は簡単です。では、XLVIIとLXXIIを足してみてください。いちばん簡単なのは、ローマ数字を私たちが使い慣れた10進法に書き直して計算し、答えをローマ数字に直してCXIXと書くことでしょう。ローマ数字だけでの足し算はほとんど拷問です。まして掛け算だったら……。

位取りのプレースホルダーではない数としてのゼロは、もっとずっと後の時代の発明（あるいは発見）です。紀元前3～2世紀のインドに、2進法に基づいた位取り記数法について初めて記述したピンガラという学者がいました。彼が2進法を編み出したのは、サンスクリットの短音と長音の2種類を使うと、数字を音節にコード化できるというのが理由でした。彼はまた、サンスクリット語で空（くう）をあらわす*śūnya*（シューニャ）を数字のゼロを示すために採用しました。

今のゼロにあたる記号が書かれた最古の文献は、「バクシャーリー写本」です。樺（かば）の樹皮に記されており、1881年夏に英領インドのバクシャーリー村（現在はパキスタン領）の近くで発見されました。写本の大部分は破損しており、残っていたのは約70枚の樹皮（うち数枚は断片）だけでした。そこから読み取れるのは、この文献がそれ以前の数学書の解説らしいことです。規則を示してから例題の解き方を述べており、内容の大部分は算術と代数ですが、幾何と測定法もいくらか含まれています。現在はオックスフォード大学ボドリアン図書館に所蔵されているこの写本は、近年の放射性炭素年代測定により3～4世紀のものと判定され、以前考えられていたよりも数世紀古いことがわかりました。

さらに後の7世紀に、インドの数学者ブラフマグプタが確たる基盤の上に立って数字としてのゼロの概念を提示しました。彼は0や負の数（負の数もこの頃に初登場しました）を含む代数についてさまざまな規則を定めました。彼の規則の多くは、現代の私たちにもなじみ深い内容です。たとえば、彼は0と負の数の和は負になり、正の数と0の和は正の数になり、0と0の和は0である、と述べています。

引き算について見ると、彼の規則は「0から負の数を引くと正の数になる」など、現在私たちが使っているルールと同じです。ところが、割り算では問題が生じます。彼は、0を0で割ったら0になるはずだと考えました。しかし、それ以外の割り算の答え、つまり正または負の数を0で割ったり、0を正または負の数で割ったりした場合にどうなるかは、彼にとって謎でした。

ブラフマグプタは、たとえば8を0で割ったらどうなるかについて、何も言っていません。それも驚くにはあたりません。答えがどうなればいいのかを明らかにする手段がないのですから。500年後、やはりインドの数学者バースカラが『シッダーンタ・シローマニ』という優れた著作の中で、ある数を0で割った結果は「無限量」であると述べました。その哲学的な理由については、彼は抒情的な調子で次のように記しています。

> ゼロで割った結果を構成するこの量には、多くのものを押し込んだり引き出したりできるが、量が変化することはない。世界が創造されたり破壊される時にさまざまな種類の被造物が吸収されたり出現したりしても、無限にして不変の神には何の変化も生じないのと同じである。

「ある数を0で割った答えは無限に等しい」であってほしいというバースカラの願いの背後に、ある種の論理を見て取ることは可能です。何かの数字（仮に1としましょう）を小さな数で割ることを想像して下さい。割る数を小さくすればするほど、答えは大きくなります。問題なのは、もし$n \div 0 = \infty$（nは任意の有限数）〔∞は無限を示す記号〕と仮定すると、∞に0を掛けた答えはどんな数にもなりえて、意味をなさなくなるということです。実際、ちょっと見ただけではわからないように0での割り算をしのばせて、$1 = 2$を証明したかのように（あるいはもっと一般的に、ある数と別の数が等しいことを証明したように）見せかける数学トリックはよくあります。この種の混乱や一貫性の欠如を避けるために、数学者たちは「0で割ることはできない」と――より正確には「その計算の結果は定義できない」と――定めたのです。

現代の数学には、ゼロそのものではないものの、ゼロと関連した概念がたくさんあります。そのひとつが、空集合です。集合論では、空集合は（あたりまえですが）要素をひとつも持たない集合のことです。これはゼロ自体とは別の概念です。いちばんはっきりした違いは、空集合が集合であるのに対し、ゼロは数だという点です。ゼロは、空集合の要素の数（別の言い方をするなら、集合の「濃度」）です。集合には、集合独自の和と積があり、それぞれ「和集合（結び、合併）」「積集合（共通部分、交叉、交わり）」などと呼ばれます。2つの集合の和集合は、その2つの集合の少なくとも1つに含まれている要素をすべて含む集合です。積集合は、2つの集合の両方に含まれている要素からなる集合です。空集合は、ゼロに相当します。ある集合と空集合の和集合は、最初の集合それ自体です（$x+0=x$ であるのと同じです）。一方、ある集合と空集合の積集合は、空集合になります（$x\times 0=0$ と同様です）。

ゼロについてまた別の問題が生じるのは、可能な限り0に近づいていく（ただし決して0に到達はしない）時です。これを行うひとつの方法として、1, $\frac{1}{2}$, $\frac{1}{4}$, $\frac{1}{8}$ … というふうに、ひとつ前の数を半分にしていく数列があります。通常、この数列の極限――収束する値（限りなくそこへ近づいていく値）――は0である、と言います。しかし、0に到達することなく「0に無限に近づく」という概念は、ありうるのでしょうか？　数直線上のすべての点を包含する「実数」の体系からは、そうした概念は出てきません。実数にできるのは、私たちの望み通りの小さい数を提供することだけです。けれども、どんなに小さな数であっても、0ではない実数は必ず有限の小ささで、無限に小さいことはありません。無限に0に近づくという目標を達成するには、従来の数え方を超越し、想像力の範囲を超えた、新しいタイプの数が必要です。

イギリスの数学者ジョン・コンウェイは、あるタイプのゲームの分析に役立つ斬新なアプローチを捜していました。あるときケンブリッジ大学の数学科で英国の囲碁チャンピオンの対局を見ていたコンウェイに、先へ進むためのひらめきが訪れます。彼は、碁の終盤のヨセでは、いくつかの陣地が碁石で囲われ、それぞれの陣地の境界がはっきりしていくことから、囲碁がいくつかの小さな囲碁に分解され、その総和としてあらわせること、そして特定の石のポジション（配置）が数のようにふるまうことに気付きました。次に彼は、有限のゲームでは、新種の数のようにふるまうポジションが現れることを発見しました。この新種の数が、超現実数です。超現実数という名前はコンウェイが付けたのではなく、アメリカの数学者・計算機科学者のドナルド・クヌースが1974年の著書『至福の超現実数――純粋数学に魅せられた男と女の物語』で提示しました。これは論文ではなく小説で、重要な数学的概念がフィクションとして最初に発表された唯一の例として、特筆に値します。

超現実数は、気が遠くなるほど広大な“数の集まり”です。そこには、すべての実数と、無限順序数として知られる無限に巨大な数が山ほど、そしてそれらの無限順序数から作られる無限小（無限に小さい数）も山ほど、加えて以前なら既知の数学領域の外側に置かれていた奇妙な数たちがみな含まれています。さらに、個々の実数の周囲を超現実数が“雲のように”取り囲んでいることも明らかにされました。しかも超現実数は、実数ひとつひとつに対して、他のどんな実数よりも近くに存在するのです。0と、0よりも大きい最小の実数の間にも、超現実数の雲のひとつがあります。その雲は無限小が集まってできています。この無限に小さい数というのは、1, $\frac{1}{2}$, $\frac{1}{4}$, $\frac{1}{8}$ … という数列を無限に続けた数と比べても、それより小さい値です。そうした無限小のひとつがε（イプシロン）で、ε は0より大きく1, $\frac{1}{2}$, $\frac{1}{4}$, $\frac{1}{8}$ … よりも小さい最初の超現実数と定義することができます。

クヌースの小説は、大学卒業後に文明を離れてインド洋のとある島で暮らしていたビルとアリスが、文字の書かれた黒い岩が砂に半分埋まっているのを見つけるところから始まります。ビルは岩の文字を読みはじめます。「初め、すべては空虚だった。J・H・W・H・コンウェイは数の創造を始めた。コンウェイは言った。『大も小も、あらゆる数を生む2つの規則あれ。(…)』」〔『至福の超現実数』松浦俊輔訳（柏書房）による〕

ビルとアリスは毎日少しずつ岩の文字を読み進み、どうやって新しい数の体系を構築するかを学びます。その体系は、彼らがそれまでに考えていたどんなものと比べても、想像を絶するほどに壮大な体系でした。この新しい体系の基本的な考え方は、いかなる実数Nも、L（left＝左）とR（right＝右）という2つの集合を使ってあらわすことができる、というものです。左集合（L）はNよりも小さい数を含む集合で、右集合（R）はNよりも大きい数を含む集合です。（このプロセスの操作については、第6章でもっと詳しく説明します。）岩は、何もないところから出発して、コンウェイの2つの規則を使うことで空っぽの左集合と空っぽの右集合からゼロという数を創造できると説きます。ゼロが創造されたら、ゼロを左集合に入れることである数が生じ、また右集合に入れることで別の数が生み出せます。そうして誕生した新しい数を使って、さらに違う数を創造することができます。やがて、めまいがするほど巨大な数の集まり——超現実数——のすべての要素が作られます。そこには無限小も含まれます。

つきつめれば、私たちが、ゼロではないが限りなくゼロに近いところにどこまで近づけるかを問うことは、無限ではないが限りなく無限に近いところにどこまで近づけるかを問うのと似ています。実数をそのまま使ったのでは、無限小を論じても意味はありません。なぜなら、どんなに小さな数を挙げたとしても、必ずその数とゼロの間にもっと小さな数が存在するからです。大きな実数も同じで、巨大な数の限界はないので、「あらゆる数のなかで最大の数」というものは決して得られません。どんな数を挙げたところで、その数と無限の間に実数が存在します。しかし幸いなことに数学という宇宙はとても広大で多様で、私たちが無限小や無限大を探求する際に、これまで不可能だったことを可能にするような新しい数の体系を作り出すことができるのです。

数学には、最初は何かの間違いにしか見えない、びっくりするような事実があります。そのひとつが、$0.999\cdots = 1$ です。これは常識に反しているように思えるでしょう。なにしろ、0.9や0.99や0.999などなどはどれも1よりも小さいのですから、0.999… (9が無限に続く) も1より小さいに違いないと考えるのが普通です。けれども、$0.999\cdots = 1$を証明する簡単な方法はたくさんあります。たとえば、$x = 0.999\cdots$ ならば、$10x = 9.999\cdots = x + 9$ です。両辺からxを引くと $9x = 9$ になり、$x = 1$ が導かれます。こんなに簡単な手順で$0.999\cdots = 1$ が証明できました。同時に、$1 - 0.999\cdots$ は何かものすごく小さな数ではなく、無限小ですらなく、正確に0になります。

この不思議な結果を正しく把握するには、0.999… が何を意味しているか、ついでに言うなら小数点以下が無限に続く任意の実数が何を意味しているかを理解する必要があります。たとえば、円周率π は十進法で3.14159…とあらわせますが、3, 3.1, 3.14, 3.141… という数列の極限と捉えることもできます。この数列の各項は有限な小数であらわされ、それぞれ有理数〔実数のうち、2つの整数を使った分数であらわせる数。3は$\frac{3}{1}$、3.1は$\frac{31}{10}$、3.14は$\frac{314}{100}$のように分子と分母に整数を使ってあらわせるので有理数〕です。つまり、無限に続く実数であるπを、有限な小数であらわされた有理数の数列の極限として捉えることができるのです。同様に、あらゆる実数は、有限な小数の数列であらわされる有理数のみを用いて定義することができます。（ただし、すべての有理数が有限小数の数列を持つわけではありません。たとえば$\frac{1}{3}$は有限小数にはなりません。）ですから、0.999… は0.9, 0.99, 0.999, と続く数列の極限で、これは正確に1に等しいのです。

超現実数は、この問題にまったく新しい光を投げかけます。超現実数の世界では、有限の手続きで定義できるのは一部の数だけです。それは2のべき乗を分母とする分数で、二進有理数と呼ばれます。そのため、こうした超現実数を扱う際には二進法を使うほうが理にかなっています。十進法の0.999… を二進法であらわすと0.111… で、これは十進法でいうと$\frac{1}{2}+\frac{1}{4}+\frac{1}{8}+\cdots$ ということです。これもやはり、1と等しくなります。私たちは実数を無限小数（あるいは二進法）であらわすとはどういうことかを知っていますが、超現実数では話が違ってきます。たとえば、（わかりやすくするために十進法でいうと）$\pi=3.14159\cdots$ です。これを超現実数で書いたらどうなるでしょう？　その数は、間違いなく3や3.1や3.14などなどよりも大きいでしょうが、4もやはり3や3.1や3.14などより大きい数です。そして、超現実数ではそのことだけをもって答えは4になります。同様に、πは確実に4や3.2や3.15などよりも小さいのですが、超現実数はそれをもって答えは3だと言います。私たちがπの正確な値を突き止めるためには、その両方を使って、$\{3, 3.1, 3.14, \cdots \mid 4, 3.2, 3.15, \cdots\}$と書く必要があります（$\{\ \mid\ \}$という書き方の詳細は第6章を参照して下さい。簡単に言うと、中央の縦棒の左側が左集合、右側が右集合で、左集合のすべての元は右集合のいかなる元よりも小さいというふうに定められています）。

では、これが0.999…（あるいは二進法で0.111…）にとってどういう意味を持つのでしょう？　二進法を使った超現実数で同じことを書くと、$\{0.1, 0.11, 0.111, \cdots \mid 1.0, 1.00, 1.000, \cdots\}$です。左集合は1に近づいていくように見え、当然、実数における極限は1になるでしょう。しかし、右集合に含まれている数は実際のところ1だけです（小数点以下の0の数が増えていくだけです）。そうすると、私たちは、この数（0.999…）は実は1よりも小さいという奇妙な結論に達します。そして、その数はまさに$1-\varepsilon$ であるということが判明するのです。一方で、1.000… は1よりも大きく、$1+\varepsilon$ だということが明らかになります。このことはまた、超現実数を扱う時には十進法は（いや、二進法でさえも）数について考えるのに最も適した方法ではないことと、私たちは本気で左集合と右集合を考えるべきであることを示しています。

アイザック・ニュートンとゴットフリート・ライプニッツがそれぞれ独自に微積分学を開拓した時、しぶとく残るように見えた問題がありました。それは、どんどん小さくなっていく変化を表現する際に、定義のない$\frac{0}{0}$を使わずにどうあらわせばいいか、という点でした。ニュートンの微積分学を批判したジョージ・バークリー主教は、次のように述べています。

> この流率〔時間に対する変化率〕とは何であるのか？　つかの間の増加の速度？　そもそも、つかの間の増加とは何であるのか？　それらは有限の量でもなく、無限に小さい量でもなく、また無でもない。そのようなものは「死せる量の幽霊」と呼べるのではないか？

ニュートンの方法を使えば、必要に応じてどんなに小さな間隔でも変化率をあらわせ、それらが特定の値に限りなく近づいていく様子をはっきり捉えることができました。難題に直面したのは、無限小を持ち出すことなしにそれが真の値だと証明する際です。ニュートンは、変化率を見極めるためにxという量に加える任意の小さな数を、o〔アルファベットのオー〕という文字であらわしました。次に彼は、oを含むすべての項を、無視できるほど小さいという理由で抹消しました。しかし項そのものは、任意の小さな値とはいえゼロではない値を持っています。「どうしてそれらを消し去ってしまえるのか？」というのが最大の批判でした。結局のところ、微積分学以外の数学は確固とした論理（ロジック）の上に築かれているのに、微積分学は“信じる心”に依拠しています。というのも、微積分学を厳密なものにしようとすれば、$\frac{0}{0}$を持ち出すか、さもなければ極めて小さいが0ではない項を無視する（0として扱う）ほかない状況に陥るからです。

現在では、微積分学において無限小を扱うのを避けるために、極限を使います。これは18世紀半ばのフランスの哲学者・数学者ジャン・ル・ロン・ダランベールが編み出した方法で、極限とは、変数（通常はxで示されます）がある値に限りなく近づいていくが、決して到達はしない時の、「ある値」のことです。この方法を使うと、究極の数学的難題――ゼロで割ること――を回避できます。xの値が1にどんどん近づいていく時、x^2-1 を $x-1$で割るとどうなるかを知りたいとします。単純に$x=1$を代入して一足飛びに結果にたどり着くことはできません。なぜなら、0÷0になってしまうからです。そこで、xを少しずつ1に近づけていきます。$x=0.5$の時、$(x^2-1)\div(x-1)=1.5$です。$x=0.9$ならば $(x^2-1)\div(x-1)=1.9$で、$x=0.999$であれば $(x^2-1)\div(x-1)=1.999$、という具合に続けていくわけです。xに何かの値を入れたらいっぺんに最終的な答が出ることはありませんが、終点は明らかに2で、それがこのプロセスの極限です。

ある意味で、数学においてゼロに限りなく近づいていくことは、物理学者がより完全な真空を――物質がまったく存在しない空間を――作り出そうと努力するのに似ています。真空を作る真剣な努力が始まったのは、17世紀にイタリアの物理学者・数学者のエヴァンジェリスタ・トリチェリが、「どんなに多くの労働者が力を合わせても、ポンプで水を垂直に汲み上げられる高さは約10 mが限度である」という事実を知ったのがきっかけでした。1643年、トリチェリは水のかわりに水銀を使って実験することにしました（水銀は水より密度が高いため、限度の高さがずっと低くなるはずだと彼は考えたのです）。水銀では76 cmが限界であることがわかりました。次に彼は76 cmより少し長いガラス管を用意し、片方の端を完全にふさいでから水銀を一杯に注いで、同じく水銀を入れた容器に逆さに立てました。すると、何度やっても、管の中の水銀の液面は容器の水銀の液面から76 cmの高さまで下がったのです。管の開いた側は水銀の容器に浸かっていて、管の上部の空間に空気が入ることは不可能ですから、トリチェリは、真空が作られたと判断しました。厳密に言えばそれは完全な真空ではありませんでした（ひとつには、微量の水銀蒸気が存在していたに違いないからです）。しかし、古代の哲学者の「自然は真空を嫌う」という主張が間違いだったと証明するには十分でした。

管の全長は水銀の液面の高さには関係ありませんでした。しかし、トリチェ

1643年にアルプスで気圧計の実験をするトリチェリ。アーネスト・ボードによる油絵。

リが同じ実験を山の上で行ったところ、水銀の液面が低地よりも低い位置で止まりました。これは管の中の真空が水銀を引っぱっているのではなく、下に置いた水銀容器の液面上の空気が水銀を押しているのだ、と彼は気付きます。そこから彼は、「われわれは空気の海の底に沈んで生きている」という結論を導きました。彼のこの発見は、アリストテレスの（そして中世キリスト教会の）世界観に最後の一撃をくらわせました。真空は存在しえないという主張に対して、トリチェリはさらりと前進して真空を作り出して見せたのでした。

歳月は流れます。トリチェリやニュートンから19世紀末までのあらゆる科学者が知る唯一の物理学だった古典物理学では、理論的には完全な真空が可能だとされていました。人間にはまだ密封された容器から空気の分子をひとつ残らず除去する技術はないが、その技術さえ開発できれば完全な真空を作ることは可能だと考えられていたのです。そのようにして作られるのは、物質の粒子が1個も存在しない空間のはずでした。しかし、量子力学（第9章参照）のあけぼのとともに、それまで考えられていた空間と時間、物質とエネルギーの概念は根底から覆りました。物理学の世界に登場した衝撃的なまでに新しいこの見方では、真に空っぽの空間――物質粒子もいかなる種類のエネルギーも全く存在しない場——は永遠に葬り去られました。

いわゆる量子真空は、私たちが生きている宇宙空間の究極の性質ですが、粒子でごったがえしています。といっても、それらの粒子は、従来考えられてきたような物理宇宙を構成している物質——電子、陽子、中性子、原子、イオン、分子——ではなく、「仮想粒子」です。仮想粒子は、粒子間の反応の過程で自然に生成し消滅する極めて短命な粒子で、痕跡を残さず、したがって観測もされません。仮想粒子が実際にあることは、量子力学の根本教義であるハイゼンベルクの不確定性原理で保証されています。不確定性原理は、粒子の位置と運動量を正確に知ることはできないと述べます。ある粒子の位置をより正確に測定すればするほど、運動量について得られる情報は減っていきます。同じ考え方はエネルギーと時間についてもあてはまり、より正確にエネルギーを測定すればするほど、時間の測定は不正確になっていきます。ハイゼンベルクの不確定性原理の結果としてエネルギーの測定にはつねに不確定性がつきまとい、そのエネルギーは、特殊相対性理論の帰結としての有名な$E = mc^2$という方程式に従って質量と等しいため、粒子は瞬間的に物質化し、私たちが観測する前に姿を消すことができます。量子真空は仮想粒子の出現と消滅にあふれていて、古典的な「完全に何もない“無”」にはなりえないということです。

もしや、そうした量子ゆらぎ——何もないところからの粒子の出現——が宇宙全体の誕生のきっかけになったのでしょうか？　この考え方は、近年、私たちのまわりにあるすべてが宇宙誕生の最初の瞬間に現れたことのひとつの説明として、宇宙論研究者たちの間で取り上げられています。最初に無があり、次の瞬間、量子のわずかな変動で宇宙全体が始まったという説です。現代の新しい思考が、「無からの創造（ラテン語で*creatio ex nihilo*）」〔神が無から世界を創造したとするユダヤ教やキリスト教の基本教義〕という古き言い回しを再び持ち出すというのは、考えてみれば面白い話ですね。それでも、説明されていない部分がまだたくさん残っています。私たちの住むこの宇宙が誕生する前にも、何かがあったはずです。無——物理的な意味でのゼロ——は存在できません。物質が何もなくても、少なくとも量子物理学の法則があり、究極的にはその背後に数学の法則があって、それが「無」を「何か」にしたに違いないのです。

第3章

この宇宙を統(す)べる7つの数

一番になるには、変わり者でなくちゃ。
——ドクター・スース

宇宙でとりわけ重要な7つの数を選ぶとしたら、何がランクインするでしょう？　7？　どうして10のように切りのいい数ではなく、7？　そう思う人もいるかもしれません。しかし、私たちが「10は切りのいい特別な数だ」と思う理由は、私たちの両手の指が10本で、最も一般的に使われている記数法はその両手の指の数から発展した十進法だから、ということ以外になにもありません。もし人間の指が8本だったら、私たちの数学はほぼ間違いなく八進法にのっとっていたことでしょう。ですから、公平に考えれば、著者ふたりが宇宙を支配するエリート数をいくつ選ぶかという話になったとき、7は他のどんな数にもひけを取りません。

アメリカのテレビドラマ『ビッグバン★セオリー』で、極めつけの変わり者シェルドン・クーパーは、73が最もすばらしい数だと主張します。なぜかって？　シェルドンはルームメイトのレナードにこう言います。

シェルドン：73は21番目の素数だ。73をひっくり返した37は12番目の素数で、12をひっくり返した21は7掛ける3だ。

レナード：なるほど、73は数の世界のチャック・ノリス*ってわけだ。

シェルドン：チャック・ノリスと一緒にするな。73は二進法で1001001、後ろから読んでも1001001、まったく同じだ。チャック・ノリスを後ろから読んだらスリノ・クッャチだぞ！

*チャック・ノリスはアメリカの俳優。最高の強さや無敵さの象徴とされ、「チャック・ノリス・ファクト」というジョーク集でも有名。

シェルドンはよく「73」とプリントされたシャツを着ていますが、イギリスの脚本家・作家ダグラス・アダムスの『銀河ヒッチハイク・ガイド』のファンは「42」の方が好きかもしれません。この数は、物語中のスーパーコンピューター「ディープ・ソート」が750万年の思考の末に出した「生命、宇宙、そして万物についての究極の疑問の答え」だからです。42への肩入れを正当化したい人々は、原子番号42のモリブデンが宇宙で42番目に豊富な元素であることや、世界での売上がトップ3の音楽アルバム――マイケル・ジャクソンの『スリラー』、AC/DCの『バック・イン・ブラック』、ピンク・フロイドの『狂気』――の演奏時間がいずれも42分台であることを挙げます。実際は、アダムス自身が明かしているように、42はちょっとした冗談でした。「答えは数字でなければいけなかった、それも、ありふれた小さめの数字。私が数を選んだ。デスクに向かい、庭に目をやりながら、42がいいだろうと考え、タイプした。それだけだよ」。

冗談はともかく、宇宙の最上位クラスを占めるのはどんな数でしょう？　もちろん、どういう意味で最高と考えるかによって変わります。最もよく現れる数か、（どんな理由にせよ）最も興味深い数か、それとも数学で最も重要な数でしょうか？　実のところ「誰の興味も引かないつまらない数」なんてありません。かつてイギリスの数学者G・H・ハーディが、ロンドンの病院に入院中だったインドの天才数学者シュリニヴァーサ・ラマヌジャン（第8章で詳しく取り上げます）を訪ねようとして、たまたま乗ったタクシーが1729番でした。ラマヌジャンを見舞ったハーディは、1729とはなんてつまらない数字だろう、と口にしました。すると即座にラマヌジャンが異を唱えました。「それはとても興味深い数です。2通りの“2つの立方の和”であらわせる最小の数です」（$1729 = 1^3 + 12^3 = 9^3 + 10^3$）。論理的にも、まったく興味を引かない数など存在できません。というのも、仮にそんな数が存在できるなら、「まったく興味を引かない数のうちで最小の数」と呼べるものがあることになり、その数は最小記録の持ち主としてたちまち人々の興味を引く存在になってしまうのです！　すると、もう少し大きい別の数が「まったく興味を引かない最小の数」になり、同じ理由で今度はその数が注目を集め……、以下同じことが続きます。

物理学には、あなたがちょっと考えて「興味を引く数のリストに入る資格がある」と思いそうな重要な数がいくつもあります。光の速度、万有引力定数、アボガドロ数などです。しかしそれらの大部分は、使われる単位系によって数値が変化します。たとえば、真空中での光の速度は物理学で最も重要な量ですが、それを数字で書き記そうとすると、単位がkm／秒なのか（299,792）、マイル／秒なのか（186,282）、それともまた別の単位なのかによって変わってしまうのです。物理学で単位に関係しない定数は、無次元定数と呼ばれます。無次元定数のうち最も重要なもののひとつに微細構造定数があり、α（アルファ）という文字であらわされます。この定数はほぼ$\frac{1}{137}$に等しく、原子や亜原子〔原子よりも小さい粒子〕を扱う物理学のあちこちに現れます。微細構造定数のひとつの捉え方は、電子のような荷電粒子同士の電磁相互作用の強さをあらわす定数だ、というものです。この定数にはさまざまな解釈があり、私たちが生きているこの宇宙にとって非常に大きな意味を持っていると見られています。ただ、それがどれくらい重要なのかはまだ正しく見極められていません。微細構造定数の魅力は、いたるところに顔を出す点だけでなく、（他のいくつかの要素と並んで）自然界の3つの基本定数の組み合わせを含んでいる点です。すなわち、電子の電荷の平方をプランク定数と光の速度の積で割ったものが微細構造定数なのです。物理学の本ならば、微細構造定数は「宇宙の数のトップ7」のリストに入ることでしょう。しかし本書は物理学ではなく数学を中心テーマとしているので、αにはここで言及されたという名誉だけで我慢してもらいましょう。

高い知名度と、数学のあらゆる場面に登場することとを理由にして、私たちが選ぶエリート数の集団に入るべく名乗りを上げている2つの数があります。いわば、数の世界のビートルズとローリング・ストーンズ。それが、円周率 π（パイ）とネイピア数 e です。πは円周（C）と直径（d）の比で、$\pi=\frac{C}{d}$です。誰もが学校で習うので、数学者以外にもよく知られています。円周率は、ちょっ

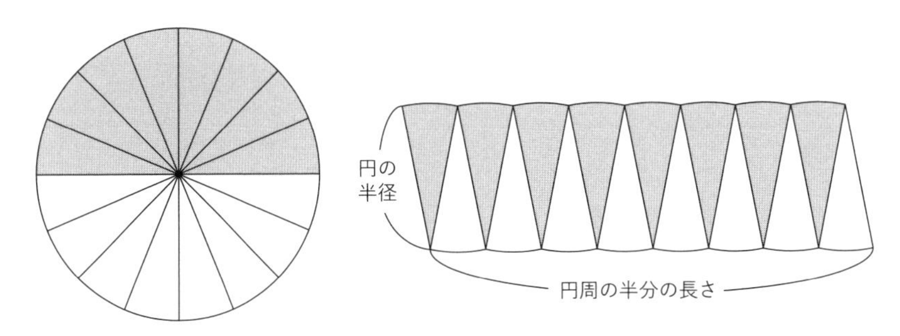

円の面積の求め方

と見たところではとても不思議に思えます。円周と直径の比率は、なぜ円の大きさに関係なく常に同じなのでしょう？　それは、すべての円が（少なくとも平面上では）相似形だからです（「相似」は、大きさが違うだけで形が同じ図形を指す数学用語です）。円の面積（A）の公式は $A=\pi r^2$（rは円の半径）で、やはりπが含まれています。この公式は、円の中心を通る直線を何本も引いて円を細い扇形に多数分割し、それを並べ替えて、面積を計算しやすい長方形に近い図形にしてみると理解できます。

円が関係している場面であれば、πが出てくるのは当然だと私たちは考えます。πの幾何学的なルーツは円の形の中にあるからです。しかしπの驚くべき謎は、円の姿が見えないのにまるで魔法のように現れることがあるという点です。たとえば、$\frac{1}{1^2}+\frac{1}{2^2}+\frac{1}{3^2}+\frac{1}{4^2}+\frac{1}{5^2}\cdots=1+\frac{1}{4}+\frac{1}{9}+\frac{1}{16}+\frac{1}{25}\cdots$ という級数〔数列を無限に足していった和〕は、項が増えれば増えるほど答が $\frac{\pi^2}{6}=1.645\cdots$ に近づきます。さらに、この分数をひっくり返すと$\frac{6}{\pi^2}$で、これは2つのとても大きな数が互いに素である確率――その2つの数に1以外の公約数がない確率――に等しいのです。実はπは、なぜか素数（1とその数自身以外に約数を持たない数）の分布と深く結びついています。そしてどういうわけか、数学で最も重要な研究対象のひとつ、リーマン・ゼータ関数（第13章で取り上げます）を使った公式にたどりつきます。最初は円の基本的性質として発見された数が、素数との関連で突然再登場するとは、いったいどうしたことでしょう？

πはまた、「ビュフォンの針」と呼ばれる問題への答えの中にもひょっこり顔を出します。ビュフォンの針は、18世紀のフランスの博物学者で後にビュフォン伯となったジョルジュ＝ルイ・ルクレールが提示した問題です。同じ幅（l）の細長い床板が平行に並んだ床があるとします。そこに、長さが同じく l である針を落としたとき、針と床板の縁の線が交差する確率はどうなるでしょう？　答えは、$\frac{2}{\pi}$なのです。

ビュフォンの針よりだいぶ前の1655年には、イギリスの聖職者で数学者のジョン・ウォリス（無限大の記号として∞を最初に使ったとされる人物）が、以下のことを発見しました。

$$\pi = 2\left(\frac{2}{1}\times\frac{2}{3}\times\frac{4}{3}\times\frac{4}{5}\times\frac{6}{5}\times\frac{6}{7}\times\frac{8}{7}\times\frac{8}{9}\cdots\right)$$

うんと早送りをして2015年、これと全く同じ式が水素原子のエネルギー準位に関係した計算で出てくることに気付いて驚いたのが、米国のロチェスター大学の研究者であるカール・ヘイガンとテイマー・フリードマンでした。素粒子物理学者のヘイガンは、学生たちに量子力学の一手法である変分法を教えているところでした。分子のような複雑な系の中での電子のエネルギー状態は正確に解き明かすことが不可能ですから、近似的に求めます。そのために使われるのが変分法です。ヘイガンは、学生たちに与える課題として、比較的単純でエネルギー準位を正確に計算できる水素原子に変分法を適用させ、近似値を用いる際に起こりうる誤差に気付かせるのは、悪くない手だと考えました。まず自分で試してみたところ、彼はたちまちあるパターンに気付きました。変分法を用いる際の誤差は、水素のエネルギー準位が基底状態（最もエネルギーレベルが低い状態）の時は15%、その次に低い準位では10%で、エネルギー状態が上がるに従って誤差の割合が減っていったのです。ヘイガンは同僚の数学者フリードマンに、エネルギー準位が高くなるにつれて近似値が変化する様子を検討してくれるよう頼みました。すると、変分法により得られる近似値と正確な値との関係を表す式が、エネルギー準位の上昇に伴って変化し、その極限において、ウォリスの式が得られました。

πは物理学者にとってもなじみのある数です。電荷に関わるクーロンの法則、惑星の運動に関するケプラーの第三法則、アインシュタインの一般相対性理論の中の「場の方程式」など、あちこちでπが見られます。円、球、円運動から派生した周期運動が出てくる場面には、必ずπも登場します。しかし、今挙げたヘイガンの例やハイゼンベルクの不確定性原理のように、円も正弦波も見当たらないところでも、予期せずπに出会うことがあります。後になって、そのπがやはり円との関係の中から出てきたと判明する場合も時にはありますが、たいていは円とのはっきりしたつながりが見られません。πは物質世界と数学世界の両方において、なぜかいたるところに存在する数なのです。

「7つの重要な数」のリストにランクインするもうひとつの数として挙げたeにも、同じことが言えます。ネイピア数（欧米ではオイラー数ともいいます）と呼ばれるeの値は2.71828… で、πより少し小さく、πと同様に無理数かつ超越数です。無理数とは、整数÷整数という形の分数ではあらわせない実数のことで、超越数とは、$x^3+4x^2+x-6=0$ のような方程式の解ではない数、言い換えれば整数（あるいは有理数）を係数とするいかなる多項式の解にもならない数のことです。

πとは違い、eには単一で明白な定義がありません。eは多くの方程式から導かれ、それらの方程式のいずれも、定義としては使えません。ただ、この数について理解するシンプルな方法は、複利計算の問題を考えることです。実際、1663年にスイスの数学者ヤコブ・ベルヌーイがeに最初に出くわしたのは、複利計算の中ででした。まず、あなたが銀行に100ポンド預金していて、その銀行の利率は年利100%だと仮定しましょう。1年後のあなたの預金は200ポンドになります。次に、あなたが別の銀行に100ポンドを預けるとします。こちらの銀行も利率は同じですが、半年ごとに50%の複利計算で利子を付けます。1年後のあなたの口座残高は225ポンドです。明らかに、より短い間隔で複利計算をするほうが有利です。1ヵ月ごとの複利なら1年後の残高は261.30ポンド、1日ごとなら271.46ポンドになります。複利計算を行う間隔を短くしていけばそれだけ得になりそうです。しかし、得られる金額にはひとつの限界があります。実は、複利計算で計算の間隔を極限まで短くしていって利子を連続的に付けつづけると、計算の回数は増えても1回ごとの利率は減っていくため、1年後のあなたのお金は e の100倍の271.82ポンド（小数点以下は切り上げ）までしか到達しないのです。

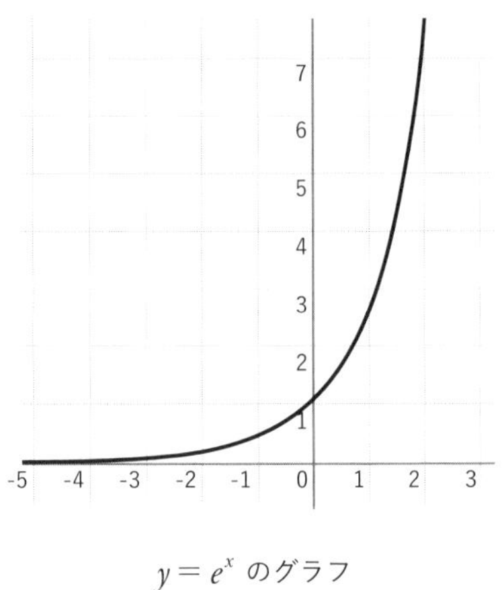

$y = e^x$ のグラフ

e が現れるもうひとつ別の状況は、指数関数的成長です。指数曲線というのは、ある数を x 乗した時のグラフの曲線です。x が大きくなるに従って、指数曲線の傾きも大きくなっていきます。2^x という指数曲線の傾きは、xの値が何であってもおよそ 0.693×2^x で、3^x の場合にはおよそ 1.098×3^x です。指数曲線ではつねに傾きは高さに比例します。しかし、傾きと高さが正確に等しい特別な場合がひとつあり、それが e^x の曲線です。e^x の曲線はどの点を取っても傾きが高さと同じだけでなく、傾きの増加率も、傾きの増加率の増加率も、傾きの増加率の増加率の増加率も（以下同様に続く）、同じなのです。

π と同様に e も、およそ関連がなさそうな数学の分野でまったく予想外の時に出現することがあります。トランプを2セット持っているとしましょう。それぞれを別々にシャッフルしてから、両方の山の1番上のカードをめくって比べます。続いて2枚目、3枚目とめくっていったときに、まったく同じカードが一度も出ない確率はどうなるでしょう？　答えは、ほぼ正確に $\frac{1}{e}$ です。実はこの確率は、$1 - \frac{1}{1!} + \frac{1}{2!} - \frac{1}{3!} + \frac{1}{4!} - \cdots - \frac{1}{51!} + \frac{1}{52!}$ という計算で求められます（！は階乗をあらわす記号で、たとえば $4! = 4 \times 3 \times 2 \times 1$ です）。その計算結果と $\frac{1}{e}$ の違いは、$\frac{1}{53!}$ 未満です。同じカードが出ない確率は、最初に用意するカードの山の枚数が多ければ多いほど $\frac{1}{e}$ に近付きます（ただし、ひとつの山に同じカードが2枚入っていることはないという条件が必要です）。

検索エンジンを提供しているグーグル社は e が大好きです。2004年に株式公開を行った際、新規株式公開の目標は「e billionドル」（小数点以下切り上げで27億1828万1828ドル）を集めることだと発表しました。同じ年、有能な人材を募集するためにシリコンバレー、シアトル、テキサス州オースティン、マサチューセッツ州ケンブリッジに作った大型の広告看板には、Googleの社名も何もなく、ただ{first 10-digit prime found in consecutive digits of e}.com（{eの中で最初に現れる、連続する10桁の素数}.com）とだけ書かれていました。この謎かけを解ける数学的才能があって、隠されたウェブサイトを見つけた人の前には、次のようなメッセージが表示されます。

> おめでとう。あなたはレベル2にたどり着きました。www.linux.orgに行ってログインIDに「Bobsyouruncle」と入れ、パスワードには以下の方程式の答えを入力して下さい。
> F(1) = 7182818284
> F(2) = 8182845904
> F(3) = 8747135266
> F(4) = 7427466391
> F(5) = _________

F(5) の値がわかった人だけが指示されたウェブサイトにログインでき、面接を受けに来て下さいというメッセージを受け取ります。

> おめでとう。上出来です。すばらしい。Mazel tov（マゼルトフ）〔ヘブライ語で「おめでとう」の意〕。あなたはグーグル・ラボの入り口にいます。大いに歓迎します。

皮肉なのは、自分で問題を解かずにグーグルで検索して、誰かが投稿した答えを見つけた人もたくさんいたことです。そんな人たちが面接を勝ち抜けたかどうかは疑問ですが。

さて、最も重要な7つの数のリストは、最初の数にして唯一無二の数——つまり1——を抜きにしては作れません。どんな数に1を掛けてももとの数のままですし、1はそれ自身の階乗で（$1! = 1 \times 1 = 1$）、1を2乗しても1、3乗しても

1、1の逆数（$\frac{1}{1}$）も1です。1は最初の奇数で、最初の正の自然数で、合成数（1とその数自身以外にも約数を持つ数）でも素数でもない唯一の数です。最初の三角数であり、どんな種類の多角数についても最初の数であり、フィボナッチ数列の1番目と2番目の数です（フィボナッチ数列は、1, 1から始まって、前の2つの数を加えると次の数になる数列、すなわち1, 1, 2, 3, 5, 8, 13, … です）。循環小数としての1は、1.000… と書くことができますし、第2章で見たように（一見すると納得しがたいかもしれませんが）0.999… と書くこともできます。

1は、集合論や記数法の公理化といった数学の根本的な領域で決定的に重要な役割を果たしています。自然数体系の基本として広く認められている数学のルール、つまり公理の標準的な集まりにおいて、1とは、0の「次にくるもの」です。言い換えれば、集合の次の数を生み出すための“媒介手段”です。

哲学の世界では、しばしば「一」が現実の真の状態あるいは究極の状態とされます。その考え方によれば、私たちが目にする多様性は幻想であり、最終的に分析していくと、あらゆるものは相互に結びついて不可分な全体の中の部分である、とされます。物理学もおおむねこの概念と似た捉え方をします。自然界では重力などの相互作用が働いており、なにものも孤立して存在することはできないと考えられているからです。さらに、宇宙研究者たちは、この宇宙の物質とエネルギーのすべてが約138億年前のある単一の時点に単一の地点で起きた単一の出来事によって生じたと言います。古代ギリシャのピタゴラス学派も、おおざっぱに捉えればそれと似た見解で、すべての被造物はモナド（最初に出現した1つのもの）から派生したと述べていました。モナドはダイアド（2つのもの）をもたらし、次にそれがすべての数の源になった、という考えです。

人間はまず1という数を把握し、ずっと後になってから－1を認識しました。負の数は、ゼロと同様に誰にとってもすぐわかるものではなかったため、発明（あるいは発見）される必要がありました。なにしろ、マイナス3頭の羊やマイナス8切れのパンを所有することはできませんから。しかし負の数という考え方が登場すると、やがてそれは数学だけでなく日々の実用的な面でも役に立つことがわかりました。そうして何世紀も経つうちに、数学者は負の数の平方根はどうなるのだろうかと考えはじめます。25の平方根が5であることは、誰でも知っています。しかし、2乗して－25になるのはどんな数なのでしょう？　言い換えれば、$x^2=-25$ の解は何なのでしょう？　答えは実数ではありえません（実数というのは、正の方向と負の方向の両方へ限りなく伸びる数直線の上にある数です）。－25の平方根は何か新種の怪物、それまでの数学者が出合ったことのない数に違いありません。17世紀に（もしかしたらそれ以前にも）、一部の数学者は2乗するとマイナスになる数が存在しうる可能性について真剣に考えはじめましたが、他の人々は彼らの考えを馬鹿にし、そんな数は "imaginary"（空想上の）数だとあざけりました。この名前が（誤解されやすいにもかかわらず）そのまま残り、現在も$\sqrt{-1}$はimaginary unit（日本語では「虚数単位」）と呼ばれていて、i であらわされます。

なぜπとeと1が「大いなる7つの数」に入るのかは容易に理解できます。この3つは数学でも実生活でもしょっちゅう出てくることや、いずれも正の数なので私たちが普通のやり方で測ったり扱ったりできることが理由です。しかしi は、一見したところどんな種類の称賛にも値するようには思えません。i は高校で数学を上級まで習うか、大学で数学または物理学を履修するかしなければ出てきませんし、日常生活で目にすることは決してないので、多くの人にとっては一生縁がありません。それでもなお、i はとても特別なものなのです。まず第一に、i はひとつの「数の体系」全体の基本であり、その数の体系は、実数を大幅に拡張してくれます。「複素数」と呼ばれるこの体系の発見は、数学の広大な新領域を開拓しました。それは、天文学者が太陽系の外側に想像を絶する大きさの宇宙が広がっているのを発見したことにも匹敵する重大事でした。複素数は、たとえば $5+2i$ のように実数と虚数の両方から成る数で、i は複素数を作るための基本パーツです。複素数は複素解析（複素数の関数の研究）の土台であり、複素解析は数論や代数幾何学、そして応用数学の多くの分野に画期的な新展開をもたらしました。

現代の物理学は i なしではほとんどやっていけません。量子力学の基本方程式――シュレーディンガー方程式――には i が含まれており、波動関数として知られるその方程式の解は複素数です。古典物理学でさえ、水の波や光の波の動きといったある種の周期運動をモデル化する必要がある時には i が登場します。永久に振れつづける振り子のような理想化された状況であれば、実数だけでうまく説明できます。しかし、振り子の動きを減衰させる摩擦など、状況を複雑化させる要素を含めたとたん、問題を数学的に扱うための最善の方法は方程式に i を導入することになります。流体力学でも、流体の運動が不安定になって乱流へ移行しはじめるのはいつかといった問題を解くには、やはり i を用います。アインシュタインの一般相対性理論では、時間間隔は距離と i の積だと考えることができます。電気工学では、交流電流の振幅や位相をあらわす必要がある時に i が使われます（ただし、交流電流の量の記号も i なので、混乱を避けるために電気工学系の人は－1の平方根の記号として j を使う方を好みます）。

ここまでで、宇宙を統べる7つの数のリストに π と e と1と i が入りました。また、ゼロもこの殿堂に入ります。ゼロを入れる理由は数多くありますが、それについては第2章で述べたので、改めて説明する必要はないでしょう。驚くべきことに、この5つのスーパースターが揃い踏みする公式があります。それが、次に示す「オイラーの等式」です。

$$e^{i\pi} + 1 = 0$$

この不思議な等式は、数学で最も重要な数のうち5つを、4つの基本操作（足し算、掛け算、べき乗、等式）を用いて、考えられる限り一番シンプルな形で結びつけています。アメリカの物理学者リチャード・ファインマンはこれを指して、「数学の中で最も素晴らしい等式」と呼びました。19世紀の哲学者・数学者のベンジャミン・パースはハーヴァード大学の講義でこの式を証明してみせた後、「われわれはこれを理解できないし、これが何を意味するのかもわからないが、証明できた以上これが真実に違いないことをわれわれは知っている」と述べました。

実は、オイラーの等式の証明はそれほど難しくなく、複素数を使う比較的単純な算術と微積分で証明できます。等式のうちべき乗を含む部分は、複素平面〔実軸と、それに直交する虚軸からなる平面。複素数 $x+iy$ をこの平面上の点 (x, y) に対応させることができる〕における粒子（移動する点）の幾何学的な運動をあらわします。この指数関数は、複素平面上で1を出発点として、粒子を「出発点からの距離に等しい速度」で（つまり遠くへいくほど高速で）移動させる働きをします。実数で計算すると、粒子は出発点からどんどん遠ざかり、それにつれて速度がどんどん速くなっていって、時間tの経過後の速度はe^tという値になるだけです。けれども、虚数を入れると粒子の速度は位置に対して90度の方向に向かうため、軌跡は円を描きます。その円を1周するのにかかる時間は2πです（円周が$2\pi r$だからです）。そのため、πという時間が経った時点では、粒子は円を半周した位置、つまり−1にいます。これで、なぜ $e^{i\pi}=-1$ なのかについて、もうひとつ別の説明ができました。

レオンハルト・オイラーは発表した論文の数が世界一多い数学者です。彼は多種多様な分野を研究し、史上最も偉大な数学者のひとりとみなされています。ですから、彼が画期的な研究成果を残した分野のさまざまな定数、定理、公式、方程式、図形などに彼の名が付いているのも不思議ではありません。この章だけでもすでにオイラー数（＝ネイピア数、e）とオイラーの等式が出てきました。次に紹介するのはオイラーの定数（オイラー数とはまったく別の定数です）で、1735年にオイラーが『*De Progressionibus harmonicis observationes*（調和数列の観察）』という論文で初めて小数第5位までの値を発表しました。彼は1781年に近似値を16桁まで求め、その9年後にイタリアの数学者ロレンツォ・マスケローニが32桁まで発表したため、この数はオイラー‐マスケローニ定数とも呼ばれます。ただしマスケローニの計算は末尾の13桁が間違っており、定数の名称に彼の名前も入れるのがふさわしいかどうかには議論があります。オイラーの（もしくはオイラー・マスケローニの）定数はπやeほど有名ではありませんが、πやeと同じ理由で――数学の多様な分野で非常に頻繁に登場し、重要な値や公式とさまざまな形で結びついているという理由で――私たちのトップ7リストに入れたいと思います。今ではオイラーの定数をあらわす記号としてγ（小文字のガンマ）が使われていますが、これはガンマ関数という重要な関数と密接な関係を持っているためです。ガンマ関数は、0を含む正の整数で定義される階乗を複素数全体に拡張した関数で、Γ（大文字のガンマ）で表記されます。さて、オイラーの定数は、下の式でnをどんどん大きくしていった時に

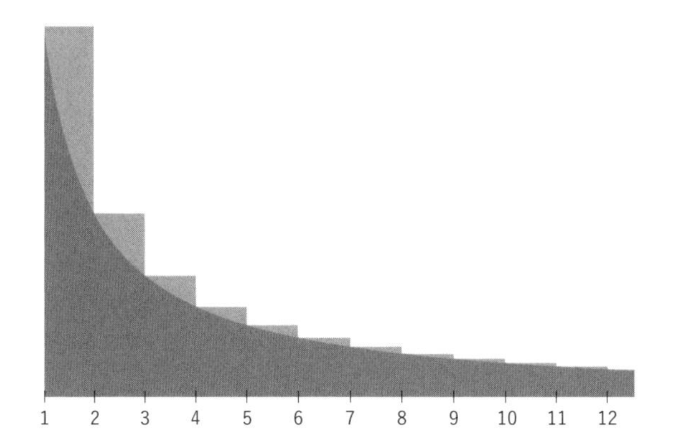

濃いグレーの部分は$\frac{1}{x}$のグラフの面積で、横軸が1からxまでの範囲での大きさは$\ln(x)$となります。薄いグレーで塗られた部分の面積のxまでの合計は$1+\frac{1}{2}+\frac{1}{3}+\frac{1}{4}\cdots+\frac{1}{x}$と$\ln(x)$との差を表しています。（つまり、$x$を無限大まで大きくすると、この面積がオイラー - マスケローニ定数の大きさと等しくなります。）

近付く値です。

$$\gamma = 1+\frac{1}{2}+\frac{1}{3}+\frac{1}{4}\cdots+\frac{1}{n}-\ln(n)$$

この式における$\ln$は、自然対数です。$\ln(n)$ は、eを何乗すればnに等しくなるかを示しています。仮に$n=1000$としてみましょう。$e^{6.908} \fallingdotseq 1000$（近似値）なので、$\ln(n) \fallingdotseq 6.908$（近似値）となります。$1+\frac{1}{2}+\frac{1}{3}+\frac{1}{4}\cdots+\frac{1}{n}$という級数（調和級数と呼ばれます）の値は、発散します（言い換えれば、値は無限に大きくなっていきます）が、nがどんどん大きくなるに従って増え方は非常にゆっくりになります。$\ln(n)$ にも同じことが言えます。γ は、nが無限に近づくにつれて極めてゆっくりと発散していくこの2つの関数の差にあたるのです。

0.57721566… で始まるγの値は、今ではコンピューターによって1000億桁以上まで計算されています。ところが、驚くべき事実がひとつあります。私たちはγが本当のところはどんな数なのか知らないのです。どういうことか説明しましょう。実数は有理数か無理数のどちらかで、無理数は代数的数か超越数のどちらかです。たとえば、2や3.14や$\frac{1}{3}$は間違いなく有理数ですし、π、e、

$\sqrt{2}$は確実に無理数です。また私たちは、πとeがともに超越数で、$\sqrt{2}$は代数的数だということも知っています。しかし、不思議なことに、オイラーの定数は極めて重要であちこちに登場するにもかかわらず、私たちはそれが有理数なのか無理数なのかさえ知りません。まして超越数かどうかなど、手の届きそうにない謎です。事実、「γの地位を確立すること」は数学における未解決の大問題のひとつです。19世紀後半から20世紀前半に活躍した数学者ダーフィット・ヒルベルトは、この問題は「近づきがたい」と考えていました。傑出した数論研究者であるイギリスの数学者ジョン・コンウェイとリチャード・ガイは、「超越数だという方に賭けたい」と言ったことがあります。現時点でγについて確実に言えるのは、もしγが有理数であれば（言い換えれば、整数aとbを用いて$\frac{a}{b}$と書けるなら）、bは10^{242080}以上である、ということだけです。

γに似た定数で、素数のみを使うものがあり、マイセル - メルテンス定数と呼ばれます。次の級数を見て下さい。

$$N=\frac{1}{2}+\frac{1}{3}+\frac{1}{5}+\frac{1}{7}+\frac{1}{11}\cdots+\frac{1}{n}-\ln(\ln(n))$$

Mであらわされるマイセル - メルテンス定数は、上の式でnが無限に近づいていく時のNの極限として定義されます。つまり、nが限りなく大きくなっていくにつれて、この級数が近づいていく値です。Nは信じられないほどゆっくりと発散します。それは、素数の逆数の和と$\ln(\ln(n))$の大きさがM（およそ0.2615）しか違わないという事実からもわかります。$\ln(\ln(n))$は無限大に向かって極めてゆっくりと発散することが知られていますが、その増加率を見ただけでは、無限大に発散するとはにわかに信じられないでしょう。実際、nが1ゴーゴル（10^{100}）の時、$\ln(\ln(n))$はほんの5.4かそこらです。では、nが1ゴーゴルプレックス（10のゴーゴル乗）というめまいがするほどの数――クォーク（物質を構成する素粒子のグループのひとつ）と同じくらい小さなサイズでゼロを書いたとしても宇宙全体に数字が収まりきらないくらい大きな数――ならどうでしょう。なんと、それでも$\ln(\ln(n))$はおよそ231です。

γ自体は、数論や解析学（微積分はその一部）、あるいは関数を変形する途中などいろいろな場所に顔を出します。普通の人はほとんど目にすることのない

γですが、数学者や科学者にとってγの出現は非常に重大な関心事です。たとえば、確率論や統計論で過去の極値がわかっている時に将来の最大値と最小値を予測するのに使われる「ガンベル分布」において、γは中心的な役割を担っています。そのため、火山の噴火や地震などの自然災害が一定期間の間に起こる確率を予測するうえで、γは大いに実用的価値を持っているのです。γは、前述のガンマ関数（Γ）の中で果たす役割を通じて、暗号化システムの構築にもかかわっています。従って、電子商取引の安全性を確保する数学の点でも重要だといえます。また、波状の系（たとえば携帯電話の製造に不可欠な導波管アンテナ、膜の振動、物質中での熱伝導など）のモデルを作る際に使われるベッセル関数という関数がありますが、その解にもγが現れます。

私たちが考える「大いなる7つの数」も最後のひとつになりました。トリを飾るのは、どうやっても想像すらできない数です。哲学者たちは無限について大昔から考えていましたが、数学者は長い間、無限には近づかないという態度を取りがちでした。数学者は、数に果てがないことや、どんな方向へでも直線を無限に延長できることは喜んで認めました。しかし、数学的な研究対象としての無限は扱いたがりませんでした。それが変化したのは、ゲオルク・カントールが現れて、激しい逆風にさらされながら集合論を確立し、多様な階層の無限が存在することを示してからです。

カントールは無限の中で最も小さい種類のもの、すなわちすべての自然数を含む集合と同じ大きさの無限を、アレフ・ヌル（$\aleph_0$）と名付けました〈注〉。アレフはヘブライ語アルファベットの最初の文字です。アレフ・ヌルは超限数〔あらゆる有限な数よりも大きい数〕と呼ばれるものの一番目です。あなたはもしかしたら、無限とはなにかひとつの数ではなく、実際は別の種類の数のことだと耳にした覚えがあるかもしれません。超限数は厳密な規則に従い、私たちが知って解析することのできるふるまいかたをします。ただ、そのふるまいかたは私たちの慣れ親しんだ数とは全く異なります。

〈邦訳版注〉アレフについては、前著『天才少年が解き明かす奇妙な数学！』の第10章で取り上げられています。

アレフ・ヌルにどんな数を足しても、大きさは変わりません。つまり $\aleph_0 + 1 = \aleph_0$ で、$\aleph_0 + 1000 = \aleph_0$ です。アレフ・ヌルにアレフ・ヌルを足したり、アレフ・ヌルに何か有限の数を掛けたりしても、答えはやはりアレフ・ヌルです。アレフ・ヌルは超然として揺るぎなく見えます。しかし、そこから別の種類の無限へ跳躍する方法があります。それは、アレフ・ヌルを、べき乗の指数として使う方法です。$2^{\aleph_0}$（2でなく別の有限数でもいいですし、$\aleph_0$を$\aleph_0$乗してもかまいません）と書いた途端、アレフ・ワン（$\aleph_1$）という一階層上の無限の扉が開きます（ただしこれは「連続体仮説」という考え方が真であると仮定した場合の話です。連続体仮説は第13章で取り上げます）。$\aleph_0$はパワフルな無限ですが、たくさんある無限の一番最初にすぎません。他の無限は、ひとつ前の無限よりさらに無限に大きくなります。頭がこんがらがるでしょうが、それは当然です。人間の頭は有限ですから。

$\aleph_0$を、「7つの偉大な数」に入れるのは、無限大という大きさのためだけでなく、数学において真に重要な研究対象の代表例だからです。学校の数学で級数の極限を習ったり、初歩の微積分計算をしたりする人は、無限に出合うはずです。実は、無限という概念は微積分学の基礎をなす「実解析学」という分野全体を下支えしています。確率に関係した問題への深い考察をもたらす「測度論」の分野でも、無限が中核にあります。物理学に目をやれば、量子力学を定式化するために使われるヒルベルト空間は、大きさが無限であるだけでなく次元も無限にあります。$\aleph_0$を超えた先の無限をずっと追究していくと、最後には$\aleph_0$からはるか遠くに位置する（とはいえ、元をたどれば$\aleph_0$から導き出された）風変りな超限数たちにたどり着きます。それらの超限数は数学の一番の根本にある問題に適用されていますし、「急増加関数」と呼ばれる関数を通じて、人類がこれまでに考え付いたなかで最大の有限数を生み出すことにも利用されています。

第4章

鏡の国の私たち

シンメトリーの意味を広く定義するか狭く定義するかは自由だが、人はいつの時代もシンメトリーという概念を用いて秩序や美や完璧さを理解し創造しようと努めてきた。

——ヘルマン・ヴァイル

著者の片方（デイヴィッド）が学校に通っていた時、ケイ先生という数学教師がいて、生徒によくこんな質問をしました。「非対称性（アシンメトリー）はどうしてこの世界に現れたんだと思う？　僕が知りたいのはそこなんだ」。これは、なぜ世界は無ではなく有なのかと同じくらい根本的な疑問です。どうして、シンメトリー（対称性）だけではなくそれ以上に多くのアシンメトリーがあるのでしょうか？　別の言い方をすれば、宇宙はどうやって、何かの片側ともう片側を区別しているのでしょうか？

シンメトリーとアシンメトリーは、あらゆるものの中に共存しています。人体を前または後ろから見ると、外見上はおおむね左右対称です。顔は左右対称な方が魅力的だと思われていますが、実際の顔は驚くほど左右が非対称です。体内は対称と非対称が混ざり合っています〔腎臓は左右にあるが、肝臓は右にあるという具合です〕。数学や自然界についても同じことが言えます。

人生でも数学でも、私たちが最初に出合うシンメトリーは、身の周りにある左右対称の物や幾何学の対称図形です。何かを見て、片側ともう片側が同じだと気付くことがあります。このような、片方を鏡に映した像（鏡像）ともとの片方とがまったく同じ形のものは、線対称と呼ばれます。ゴシック体などの書体のアルファベットは、異なる種類の線対称を見ることのできる手近な見本です。たとえば、大文字のＭとＣは対称軸が１本の線対称です。Ｇのように、対称軸がない（線対称ではない）文字もあります。Hは、垂直と水平の2本の対称軸を持っています。面白いのはXとYです。Xは、ここに印刷されている書体では対称軸が2本だけですが、2本の斜め線が交わる角度が90°になるように（×のように）書けば、垂直と水平に加えて斜めが2本で、合計4本の対称軸を持たせることが可能です。一方Yは、この印刷書体では対称軸が1本だけですが、3本の線の長さを同じにし、線同士の角度をすべて120°にすれば、対称軸が3本になります。

シンメトリーを考えるとき、鏡はとても魅力的なアイテムです。なぜ鏡の中の像は左右が逆になるのに上下はそのままなのでしょう？　これは雑誌や新聞の質問コーナーやコラムでひんぱんに取り上げられる話題ですし、ルイス・キャロルに『鏡の国のアリス』の着想を与えたことでも知られます。1868年の暮れ、アリス・レイクスという少女がロンドンのオンズロウ・スクエアにある自宅の裏庭で遊んでいました。同じ裏庭を共有していた隣家がチャールズ・ドジソン（ルイス・キャロルの本名）のおじの家で、チャールズはその家に滞在中でした。ある日チャールズは彼女に声をかけました。「君もアリスなんだね。私はアリスという名前の子が大好きだよ（有名な『不思議の国のアリス』は、もともとはオックスフォード大学クライストチャーチ学寮の寮長の娘アリス・リデルのために彼が書いた物語です）。こっちへ来て、ちょっと不思議なものを見たくないかい？」彼女はチャールズに誘われて彼のおじの家に入り、隅に大きな鏡が立ててある部屋に通されました。彼は、アリスにオレンジを1個渡しました。

「さて、きみはどっちの手にオレンジを持っている？」
「右」
「それじゃあ、今度は鏡の前に立って、鏡の中に見える女の子がどっちの手にオレンジを持っているか言ってくれるかな」
「左手」
「その通りだね。さて、それをどう説明すればいいだろう？」
「もし私がそのまま鏡の向こう側にいるなら、オレンジはまだ右手にあるんじゃないのかしら？」

「よくできたね、リトル・アリス。私がこれまでに聞いたなかで一番の答えだよ」

後年、ウィルソン・フォックス夫人となったアリス・レイクスはこの会話を回想して、こう言っています。「その時はそれ以上のことは何も言われませんでしたが、何年か経ってから、これが『鏡の国のアリス』の着想のきっかけだと彼が言っている、と聞きました。彼は、『鏡の国のアリス』をはじめとして、自身の本が出るたびに私に送ってくれました」。

「鏡が左右を逆にするなら、なぜ上下は逆にならないのか」という最初の質問に話を戻しましょう。よく言われるのは、「鏡は左右を逆にするのではなく、前後を逆にしているのだ」という答で、これは確かに本当です。鏡に映ったあなたの像は、あなた自身とは正反対の方向を向いています。しかし、この短い説明では謎は完全には消えません。鏡がそこになく、かわりにあなたとそっくりの双子が向かい合って立っていると想像してみて下さい。その双子は利き手があなたと逆になります。あなたが左の手首に腕時計をはめていれば、向かい合っている双子の腕時計は右の手首にはめられています。鏡は実際に左右を入れ替えたのです！　ともかく、上下には起こらなかった何かが左右には起こっています。それをよりはっきり意識するには、この本を鏡に映して、鏡の中の文字を読んでみて下さい。左右が入れ替わっていないなら、なぜ反転した文字はかくも読みにくいのでしょう？　まず、あなたが見ているのは単なる像だということを思い出しましょう。鏡は（ルイス・キャロルの空想世界は別として）左右が入れ替わった何かを創造

鏡の中に入るアリス。ジョン・テニエル画。

したわけではありません。次に、アリス・レイクスならそうするであろうように、鏡という枠組みの中で文字がどう読めるかを考えて下さい。鏡に映っている文字を、鏡の裏側から透かして見ていると想像してみるとわかりやすいでしょう（それによって、鏡像の前後逆転を帳消しにできます）。鏡の視点で読めば、文字はまったく正常です。

自然も、鏡に映したような反転をしばしば行います。一卵性双生児で2人の左右が逆な例（ミラー・ツイン）は、受胎から1週間以上経った時に（ただし、結合体双生児［いわゆるシャム双生児］になるほど後ではなく）受精卵が分裂した場合に起こりうるとされています。ひとりは右利きでもうひとりは左利きであったり、つむじが右巻きと左巻きだったり、歯の生え方、脚の組み方が逆であったり、極端な例では内臓が左右反転していることもあります。DNA検査ではミラー・ツインの遺伝子はまったく同じで、何の違いも認められません。DNAの二重らせんは必ず同じ向きにねじれています。しかし、有機分子（炭素を持つ分子）の中には、右タイプと左タイプがあるものも多く見られます。化学ではこの性質をキラリティ（掌性）と名付けており、キラリティがあることをキラルといいます〈注〉。キラルな分子とその鏡像はエナンチオマーあるいは光学異性体と呼ばれ、個々のエナンチオマーは右手型・左手型と称されます。化学者は、キラルな物質に平面偏光（進行方向に対して垂直な一平面の方向のみに振動する光）を通すことで、右手型か左手型かを判別します。右手型（別の言い方では右旋性）の分子は偏光の向きを右に回転させ、左手型（左旋性）の分子は偏光の向きを左に回転させます。

糖類や天然のアミノ酸（タンパク質の材料）など、生物にとって重要な分子の多くはキラルです。地球上の生物の体内にある糖の大部分は右旋性（D）で、大部分のアミノ酸は左旋性（L）です。面白いことに、私たちの味覚と嗅覚の受

〈邦訳版注〉3次元の図形や物体には、鏡像をどのように回転させてももとの像と重ね合わせて完全に一致しないものがあります。たとえば、右手と左手は鏡像ですが、どちらの手も親指が右に来るようにすると、左手は甲、右手は手のひらが手前になり、同じ形にはなりません。このような性質がキラリティです。

容器もキラルで、分子のL-体とD-体に異なった反応をします。たとえば、アミノ酸のL-体は味がしないことが多いのに対し、D-体は甘く感じます。カルボンという化学物質はスペアミントの葉とキャラウェイシードの両方に含まれていますが、スペアミントのカルボンはL-体、キャラウェイのカルボンはD-体で、私たちの味蕾(みらい)（味を感じる器官）と嗅覚器は両者にまったく異なる反応をします。そのため、ミントとキャラウェイは香りも味も大きく違うのです。

線対称（鏡面対称）は、幾何学の対称のうち一種類にすぎません。別の種類として回転対称があり、これは1点（平面図形の場合）あるいは1本の軸（立体図形の場合）を中心として、1回転よりも少ない回転をさせた時に、もとの図形と重ね合わせることができます。図形が重なるまでに回転する角度は、180°のこともあれば120°、90°、あるいは$\frac{360°}{n}$（nは整数）である任意の角度のこともあります。回転対称だけで線対称ではない図形もありますし、回転対称と線対称の両方の性質を持つ図形もあります。たとえばNという文字は、中央の点を中心にして180°回転させるともとの形に重なります（2回対称〈注〉）。一方、対称軸を2本以上持つ線対称図形は、必ず回転対称でもあります。特に、対称軸がn本の線対称図形は、必然的にn回対称の回転対称図形になります。

Oの字は興味深いケースです。本書で使っているような楕円形の書体では、線対称の対称軸は2本だけで、回転対称は2回対称です。しかし、完全な円の形で描くと面白いことが起こります。無限に多くの対称軸ができ（中心を通るあらゆる線が対称軸になります）、どんな角度の回転をさせても、同じ形のままなのです。平面上でこのような対称性を持つ図形は、必ず同心円のみで構成されています。

学校で習う幾何学には、線対称と回転対称がたくさん出てきます。しかし、あまり耳にする機会がないものの、それ以外の種類の対称もあります。そのひとつが「並進対称」で、ある図形を平面上で移動させても同じ形のままである

〈邦訳版注〉回転対称では、$\frac{360°}{n}$（nは整数）回転させると重なる時に「n回対称」といいます。180°回転でもとの字と重なるNの場合、$180 = \frac{360}{2}$なので、2回対称となります。

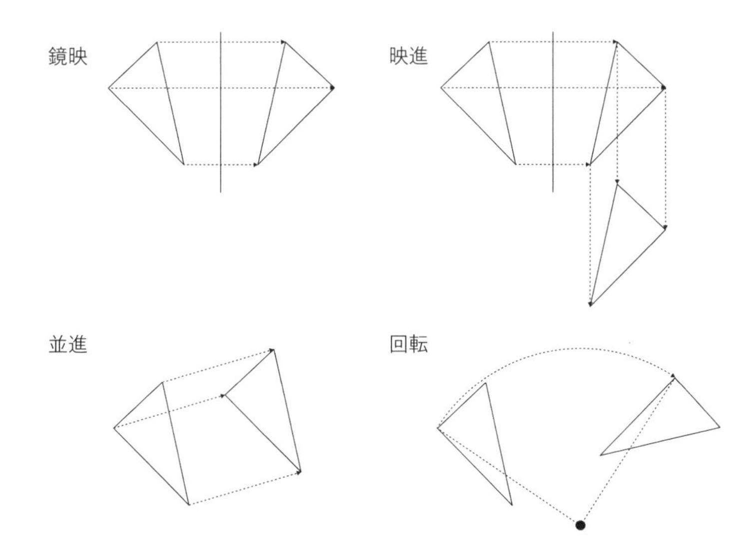

4つの対称。鏡映、映進、並進、回転。

場合をそう言います〔並進対称の「並進」とはいわゆる平行移動のことです〕。ハニカム（蜂の巣状）パターンは、3つの異なる方向に関して、並進対称になっています。なぜなら、ハニカムパターンは大きさと向きがすべて同じ正六角形がすきまなくきっちりと並んでいるからです。もちろん現実の蜂の巣は大きさが有限で、並進対称は無限パターンだけの特徴ですから、無限に広がるハニカムパターンを思い描く必要があります。直線も、それ自身の方向に沿って移動する場合には無限の並進対称性を持ちます。正六角形や正方形による平面充填のような周期的平面充填と直線との違いは、「周期的平面充填は離散的である」という点です。言い換えれば、平面充填の平行移動ではある決まった単位の距離だけ動かす必要がありますが、直線の方は長くても短くても好きな距離だけ動かすことができます。

第四のタイプの対称として、「映進対称」があります。映進対称は、ある図形を対称軸で鏡映させてから、対称軸と同じ方向に沿って移動させたものです。並進対称と同様に、これも有限の大きさを持つ図形では起こりません。実は、映進対称性を持つあらゆる図形は必ず無限パターンの一部になっていて、並進対称性もあわせ持っています。

平面上のあらゆる幾何学的対称は、(平面の屈曲や伸縮がないと仮定した厳密な対称であれば)、上記の4つのカテゴリー——鏡映、回転、並進、映進——のいずれかに分類できます。しかし、3次元以上には、さらに別の対称が多数存在します。たとえば「中心対称」(図形が面の上でではなく点を中心として反転する)や、「らせん対称」(軸を中心とした回転と軸に沿った並進の組み合わせで、らせん状に移動する)などです。

3次元以上の次元にはあまりにも多くの種類の対称が存在するため、ある物体についてそれが持つ対称性を分類する簡便で効果的な方法があるだろうかという疑問が当然生まれます。答えは「存在する」ですが、その方法は基礎的数学でなじみのある図形の鏡映や回転といった考え方から私たちを引きはがし、もっとずっと抽象的な「群論(group theory)」と呼ばれる領域に放り込みます。ちょっと横道にそれますが、〔英語で〕数学を語る時に混乱を招くいささか困った点として、日常的によく使われる単語が数学の世界では独自の特殊な意味を持つという問題があります。群論のgroup(日常語ではグループ／数学では「群」)がそうですし、他にもirrational(不合理な／無理数)、imaginary(空想上の／虚数)、set(セット／集合)、field(フィールド、田畑、場など／体)、ring(輪っか／環)などがあります〔日本語では、カッコ内の「／」記号で区切った後に書いてあるように、たいていの場合は別の訳語があてられています〕。なお、体と環については第6章を参照して下さい。話をもとに戻しましょう。数学者にとって、群とは、同じ「積表」〔群の構成要素と演算の結果を並べた表〕を共有する要素が集まったひとつの集合のことです。どういう意味かというと、ある群の中に2つの元(その集合に含まれている要素)aとbがある時に、$a \cdot b$(本質的にはaとbの積)も同じ集合に含まれているということです。ある集合が真の群であるためには、この「積」は、一定の条件を満たしていなければなりません。まず、結合法則が成り立っていなければいけません。言い換えると、3つ以上の元と・であらわされるひとつの演算について、カッコの位置に関係なく結果が同じになるということです。式に書くと、$(a \cdot b) \cdot c = a \cdot (b \cdot c)$ です。次に、群には単位元の e が含まれていなければなりません（単位元をあらわすeは、3章で出てきたネイピア数のeとは別のものです）。単位元は、$a \cdot e = a$であり、かつ$e \cdot a = a$であるような数です。ですからeは通常の掛け算では1、通常の足し算では0です。演算の中に単位元を含む場合も含まない場合も、結果は変わりません。最後に、すべてのaについて逆元が存在しなければなりません。逆元はふつうa^{-1}と書かれ、$a \cdot a^{-1} = a^{-1} \cdot a = e$です。

ここで目を引くのは、掛け算の順番などの、伝統的な算術でよく見る他の性質が出てこない点です。たとえば、私たちは$2 \times 3 = 3 \times 2$といった考え方に慣れています。しかし群では必ずしも$a \cdot b = b \cdot a$ではありません（$a \cdot b$が常に$b \cdot a$に等しい群は「アーベル群」という特殊なタイプで、それについては後述します）。基本的な群の性質からは、いくつかの重要なことを演繹（えんえき）できます。一例を挙げると、任意の2つの元aとbに対して、$a \cdot c = b$であるようなcという別の元が必ず1つ存在しなければなりません。

さて、群を扱うのに必要な中核的手続きがすべて出揃ったので、対称性の群について詳しく見ていきましょう。ある図形が与えられると、その図形が持つ対称のすべて――形を変えない変換すべて――を含む集合を作ることができます。ここでは、単位元eは何も変化させない「変換」をあらわします。「•」という記号は、ある操作をした後に続けて別の操作を行うという意味で、たとえば$a \cdot b$は「bを行い、次にaを行う」ことです。ですから、仮にaを「y軸に対して鏡映」、bを「180°回転」とすると、$a \cdot b$は「180°回転させてからy軸に対して鏡映」になりますが、これは「x軸に対して鏡映」という単一の操作と同じです。そして、逆元のa^{-1}は、単に「aの操作を逆に行う」ことです。つまり、aが「時計回りに60°回転」だったら、a^{-1}は「反時計回りに60°回転」になります。

最も単純な対称性の群は、完全に非対称なもの1つ（たとえば1枚の紙に書かれたRの字）についての群です。この群に含まれる元はただ1つ、単位元eだけです。そして、この群の積表は$e \cdot e = e$のみです。この場合の唯一の対称性はまったく何もしないことで、明白な理由から、この群は自明群と呼ばれます。

非自明な対称性を持つ形のうち一部は、「巡回群」という言葉で説明されます。位数〔集合に含まれる元の数〕がnの巡回群を理解する方法はいろいろありますが、nを法とする整数群と同じと考えるのがひとつの手です（「nを法とする整数」とは、要するに、ある整数をnで割った余りという意味です）。この場合の・は足し算に相当し、eは0にあたります。割り算の余りに注目した計算手法である合同算術は、時計を例にして考えるとわかりやすいので、時計算術と呼ばれることもあります。アナログの時計は、12を法としています。今が7時だとして、8時間を足すと、針が指すのは（15時ではなく）3時です。アナログ時計は12を法とする整数の群に等しいのです。一方、デジタル時計は24時制のものが多く、24を法とする整数の群と言えます。平面上にあって、n回対称の回転対称性を持つが、線対称や並進対称の対称軸は持たないあらゆる図形には、自身の対称性の群としてnを法とする巡回群があり、その巡回群はZ_nであらわされます。

もうひとつ別の種類の対称性の群として、二面体群（D_n）があります。二面体群は、n本の対称軸を持つ平面図形（従って、n回対称の回転対称性も持つ）の対称性の群で、辺がn本の正多角形の対称性の群はその一例です。二面体群D_nには、回転対称がn個、鏡映対称がn個で、合計$2n$個の元があります。二面体群は巡回群とは異なり、アーベル群ではありません。すなわち、$a \cdot b$が必ずしも$b \cdot a$と同じになりません。たとえば、aとbが1つの正三角形の2つの鏡像だとします。この2つの鏡像は、片方を回転させることでもう片方を作ることができますが、鏡映の順序を逆にすると、回転の向きが逆になります。

2次元の対称性の群のなかで、有限なのは巡回群と二面体群だけです。並進対称の図形はすべて無限の対称性の群を持ちます。しかし、3次元空間では、対称の種類が豊富なため、より複雑な群ができます。たとえば四面体の対称性の群は、4つのものの置換（並べ替え）すべてを含む群（S_4）です。4つの要素の置換には、「{1, 2, 3, 4} を {2, 4, 1, 3} に並べ替える」もあれば、「{1, 2, 3, 4} を {1, 3, 2, 4} に並べ替える」もあります。単位元は、ここでもやはり「何もしない」です。この群が四面体の対称性の群と同じだと把握するには、次のように考えてみて下さい。もし私たちが四面体のそれぞれの頂点に番号を付けたら、回転と鏡映によってその数字を任意のどんな順序にも並べ替えることができるでしょう。

「対称」と聞くと、目で見たり頭で想像したりできる図形・物体に関係していて、幾何学の領域の話だと考えがちです。けれども、対称はそれ以外の数学分野、たとえば代数でも重要な概念で、特に多項式についてそれが言えます。多項式とは、たとえば $x^5+3x^4-2x+8=0$ のように、xの累乗の項を含む式です。代数ではしばしば、多項式の係数（この式でいえば 1, 3, 0, 0, -2, 8）がすべて整数であることが求められます。そうしないと、どんな実数でもその方程式の答えになりうるからです。多項式の解として導き出されうる数を、代数的数と呼びます。すべての有理数は代数的数ですし、たとえば2の平方根も代数的数ですが、円周率のπは違います（πは代数的数ではなく超越数です）。代数的数はそれ自身で対称性を持つことができます。たとえば、ある多項式の解として、$1+\sqrt{2}$ と $1-\sqrt{2}$ のように、ひとつの数およびそれと対称性を持つ別の数の両方が導き出されることがあります。根（こん）〔多項式＝0を満たす未知数の値〕として $1+\sqrt{2}$ を持つ多項式では、必ず $1-\sqrt{2}$ も根になります。

一次方程式（xの指数が1以下である方程式）では、方程式を解くのは簡単です。たとえば $4x+3=0$ という方程式の解は、$x=\frac{3}{4}$ の1つだけです。二次方程式の解は、解の公式を使えば必ず見つかります。つまり、$ax^2+bx+c=0$ のとき、解は次の式で求められます。

$$x=\frac{-b\pm\sqrt{b^2-4ac}}{2a}$$

プラスマイナスの記号（±）は、この場合は、＋と－のどちらの記号も使えるということです。＋を使った場合と－を使った場合とで2つの異なる値が、もとの二次方程式を満たすxの値として出てきます（ただし $b^2-4ac=0$ の場合は、＋でも－でもxは同一の値になります）。

b^2-4acが負の値のとき、xは複素数――すなわち、実数＋虚数（－1の平方根である i に係数が付いたもの）――になります。あらゆる複素数 $a+bi$ には、正負の符号を変えただけの $a-bi$ という複素数があり、こうした対応関係を複素共役（きょうやく）といいます。そして、ある多項式において共役複素数の片方が解であれば、もう片方も必ず解であることがわかっています。さて、もしかしたらみなさんのなかには、b^2-4ac が負であるような二次方程式を解こうとする過程で複素数が発見されたのかと思う人がいるかもしれません。けれども実のところ、数学者はずいぶん長い間、その種の方程式には解がないとみなして安閑としていました。

やがて、「一次方程式でも二次方程式でもないタイプの多項式は、解けるのだろうか？」という疑問が当然のごとく出てきます。ルネサンス時代には、2人の数学者が戦う数学試合がよく行われていました。それぞれが相手に問題を出して解かせるのです。自分が勝つかどうかで賭けをすることもしばしばでした。そうした数学試合のひとつに、16世紀イタリアの数学者ニコロ・タルターリアとアントニオ・フィオーレの一戦がありました。ニコロの姓はフォンタナで、「タルターリア（言葉がつっかえる人）」はあだ名です。生まれ故郷のブレシアがフランス軍の襲撃を受けた際に、少年だった彼は顎と口蓋を剣で斬られ、それ以来普通にしゃべることができなくなったため、そのあだ名が付きました。タルターリアはフィオーレが三次方程式――xの指数が最大で3の多項式――の3つの種類のうちひとつの解き方を身につけていることを知っていました。しかしタルターリアは3種類すべてを解くことができたので、確実に試合に勝つために、彼自身は答えを知っているがフィオーレは途方に暮れるであろう問題を出しました。その後の1539年にジェローラモ・カルダーノという数学者がタルターリアのもとを訪れて、決して公表しないから三次方程式の解法を教えてほしいと頼みます。タルターリアは依頼を聞き入れました。ところが数年後、カルダーノが『*Ars Magna*（アルス・マグナ、「偉大なる術」の意）』という著書の中で

ニコロ・タルターリア。「タルターリア（言葉がつっかえる人）」というあだ名の由来となった出来事について、彼は次のように書いています。「大聖堂の中、母の目の前で、私は死に至るほどの傷を5ヵ所に受けた。そのうちの1つは私の口と歯を切り裂き、顎と口蓋をまっぷたつにした。そのため私は、喉の奥でカササギのように言葉を発する以外の話し方ができなくなった」。

タルターリアの解法を詳細に記述したことを知り、タルターリアは激怒します。タルターリアが発見した三次方程式の解の公式が、誰でも見られる形で公表されてしまったのです（すでによく知られていた二次方程式の解の公式を使うと二次方程式を解けるように、彼の公式を使えば三次方程式を解くことができます）。実は、カルダーノはフィオーレの師であるシピオーネ・デル・フェッロという数学者も独自に三次方程式の解法を見つけていたことを知って、解法はタルターリア以外の人物の発見によると主張できると判断し、『アルス・マグナ』を書いたことが明らかになります。

カルダーノは、デル・フェッロの方法では場合によって負の数の平方根を見つける必要があることに気付きました。彼の反射的な直観では、そのような方程式には有効な解がないと言いたいところでした。しかし、そうやって無視したからといって問題が消えてなくなるわけではありません。$x^3-15x-4=0$のように、デル・フェッロの方法で解こうとすると途中で負の数の平方根が出てきてしまうものの、それでも最終的には実数解が導き出される三次方程式が存在しています。当時は負の数ですら存在を疑われていたことを考えれば、負の数の平方根に言及するなど狂気の沙汰とみなされたに違いありません。カルダーノは『アルス・マグナ』の中で、そうした奇妙極まりない平方根の扱い方を示しましたが、彼自身はその平方根を本物の数だと考えていなかったことは明らかです。彼はそれらを、単に便利な道具――正解を得るための踏み台――だとみなしていました。虚数が正式に数学の世界で市民権を獲得し、それ自体に意味のある存在として扱われるようになるには、1572年のラファエル・ボンベリによる『*Algebra*（代数学）』の出版を待たねばなりませんでした。

それに先立つ1540年（『アルス・マグナ』の出版よりも前）に、カルダーノの教え子のひとりであるロドヴィコ・フェラーリが四次方程式（xの指数が最大で4、つまりx^4までを含む方程式）の解法を発見しました。『アルス・マグナ』にこの四次方程式の解の公式が記されたことで、五次方程式（xの指数が最大で5）について解の公式を捜す試みが始まります。しかし、それは四次までとは比べ物にならないほどの難題でした。その理由はやがて明らかになります。

1799年、イタリアの数学者・哲学者のパオロ・ルフィーニは、五次方程式を解く一般的方法はないという証明を発表しました。彼の証明は大体においては正しかったものの、欠けている部分があって不完全でした。幸いにしてそれから四半世紀の後、ノルウェーの数学者ニールス・ヘンリック・アーベルがその欠落を埋めて、どんな五次方程式にも適用できるような汎用性のある解の公式は存在しないという証明を完成させました。アーベルの証明は、あるタイプの群を用いて行われていました。それが先ほどちょっと触れた、彼にちなんでアーベル群と呼ばれている群です。彼の証明は、五次方程式の一般的な解の公式を見つけ出せるという希望を粉砕しましたが、別の可能性への扉は開いたままでした。すなわち、「あらゆる五次方程式はそれぞれに適した別々の方法を使えば解ける」と示せるのではないか、という可能性です。

第8章で、激動の人生を生きたエヴァリスト・ガロアという数学の天才が出てきます。悲しいかな、彼はわずか20歳の若さでピストルでの決闘をする羽目になり、銃弾に倒れます。しかしその前夜、死を予感した彼は自身の最も重要な数学的発見について書き残そうと絶望的な努力をしました。友人への手紙の形で最後に走り書きされたそれらの文書から、やがてガロア理論という領域が生まれます。

ガロアは多項式の対称性に関心を抱いていました。彼はすべての多項式にそれぞれひとつの群を割り振りました（現在ではガロア群と呼ばれています）。ある多項式のガロア群は、どうすれば他の多項式からなる方程式を変えずにその解を入れかえられるかを説明しています。たとえば、$x^2-3x+2=0$ という方程式には$x=1$と$x=2$の2つの解があります。解の入れかえは不可能です（$x-1=0$ のような一部の方程式では解は $x=1$ のみしかなく、$x=2$はないからです）。そのためガロア群は要素が1つのみの自明群になります。それに対し、$x^2-2x-1=0$ という二次方程式には $x=1+\sqrt{2}$ と $x=1-\sqrt{2}$ の2つの解があります。この場合には、その2つの異なる値を入れかえすることができ、多項式が維持されます。たとえば、上の2つの解のうち最初のものをa、後のものをbとすると $a+b=2$ で、2という値はaとbを入れかえても変わりません。ガロア群は位数が2の巡回群で、Mのような字の対称性群と同じです。

二次方程式には上述の2種類のガロア群しかなく、どちらも非常に単純です。ところが、若きフランス人（ガロア）は、それより高次の多項式がもっと興味深いガロア群を持つことに気付きました。そして、特定の五次方程式のガロア群が十二面体の回転対称の群であり、そのような群で説明される多項式はすべて、標準的な演算（四則演算）と根号だけでは解くことができないと示しました。これは彼の大きな発見でした。

ガロアの死後2世紀近くをかけて、群論は大きく発展しました。その間の最大の成果のひとつは、有限単純群の分類定理です。単純群とは、その群自身と自明群以外には正規部分群である下位群を持たない群で、その点で素数と似ています。分類定理は、すべての有限単純群は18のカテゴリーのどれかに分類できるか、さもなくば26の「散在群」（どのパターンにもあてはまらない群）のいずれかに属する、と述べます。一番シンプルなカテゴリーは、素数位の巡回群です。それらは加法についてはpを法としていて（ここでのpは素数をあらわします）言ってみれば文字盤がp時間になっている時計の群と同じです。

その次にシンプルなカテゴリーは、次数が5以上の交代群です。これがどういう群かを説明しましょう。あなたがn個の数を持っていて、1ステップごとにそのうち2個の場所を交換できると考えて下さい。何の制限も受けずにこれを続けると、n個の数の順列がすべて作れて、その群は次数がnの対称群になります。しかし、もし「交換する回数は偶数回でなければならない」という制限が設けられていたら、最終的にできるのは交代群です。例を挙げると、(1, 2, 3, 4, 5) を (2, 1, 4, 3, 5) にする並べ替えは、交換の回数が2回なので、次数が5の交代群に含まれますが、(1, 2, 3, 4, 5) を (1, 3, 2, 4, 5) にする並べ替えは、数の交換の回数が奇数（ここでは1回）なので、次数5の交代群には含まれません。次数が3の交代群は、次数が

石英の結晶（透明なものは水晶と呼ばれます）。

3の巡回群と同じものなので、すでに挙げた「素数位の巡回群」に分類されてしまっています。次数が4の交代群は、正規部分群である下位群として二面体群D_2を含んでいるためそれほど単純ではなく、特殊なケースにあたります。しかし、こうした例外を除けば、すべての交代群は単純です（たとえば、次数が5の交代群は、十二面体の回転対称群です）。

残る16のカテゴリーは、今述べた2つのカテゴリーと比べてずっと複雑で、まとめて「リー型の群」と呼ばれています（ノルウェーの数学者ソーフス・リーにちなんだ名称です）。この18のカテゴリーに分類できないものがその他の26群――散在群――で、これらはあらゆる分類努力を拒絶しています。うち5群を発見したのはフランスの数学者エミール・マチューで（最初の群を発見したのは1861年）、そのためマチュー群と呼ばれています。散在群のなかで圧倒的にサイズが大きいのは、アメリカの数学者ロバート・グリースが1976年に発見した群です。「モンスター群」と呼ばれるこの群は80京8000兆の1兆倍の1兆倍のそのまた1兆倍を少し超える数の元を含んでおり、グリースは196883行×196883列の行列を使ってそれをあらわしました。26の散在群のうち19群はモンスター群と関連していることが明らかになり、グリースはその19群とモンスター群を合わせて「happy family（ハッピー・ファミリー）」と名付けました。残る6群は、あまりありがたくない「pariah（のけ者）」という呼び名を付けられました。

群の分類定理の証明は、何十年もの歳月と多くの数学者の研究の積み重ねによって成し遂げられた、真に巨大な業績でした。人間の手による検証がかろうじて可能だとはいえ、約400の学術論文にまたがっており、ページ数にして合計5000～1万ページもあります。あまりに多くの数学者がかかわっているため、誰ひとりとしてすべての関連論文の記録をつけておらず、証明の実際のサイズははっきりしません。

ここまで主に述べてきた群――有限群――は、数学的あるいは物理学的な対象の構造を保ったままで行える変換が有限回数の場合に、その対象の対称性にあてはまります。けれどもその他に、まったく別の群として、「連続変換」に適用される群があります。それらを19世紀末に最初に研究したのがソーフス・リーであることから、リー群と呼ばれます。紛らわしいのですが、このリー群は、先ほど出てきた「リー型の群」とは別です。リー型の群が有限群であるのに対して、リー群は連続変換でも外形が保たれる対象物を扱っています。シンプルでわかりやすい例は球です。球はどんなふうにどれだけ回転させても、見た目はまったく変わりません。

リーの一番の関心事は、方程式を解くことでした。彼が研究に着手した時、利用できる方程式の解法は、たとえて言えば全部が一緒くたに袋に放り込まれているような状態でした。よく使われていた解法は、変数を巧みに変えることでいずれかの変数を方程式から消し去る方法でした。リーは卓越した洞察力で、変数が消えるのは方程式の根底に存在する対称性によるものだと見抜き、その対称性をひとつの新しいタイプの群として把握することに成功しました。

群論は――有限群論と連続群論のどちらも――今では数学と科学の両方で非常に重要な役割を果たしています。かつては結晶がどういう構造を取り得るかの見極めに使われ、近年では分子振動理論に大きくかかわっています。素粒子や自然界における力の研究をしている物理学者の論文には群論がよく出てきます。それに、あなたがインターネットで情報を送る時には必ず、最もシンプルな群のひとつである「nを法とする乗法群」がセキュリティの確保に使われています。

結晶はさまざまに異なる構造を取ることができます。そうした結晶の対称性の群は、結晶構造がどのように形成されるかの理解を助けてくれます。一例を挙げると、岩塩の結晶はナトリウムと塩素のイオンが立方格子の形に並んでおり、立方体が持つ対称構造のすべてに加えて並進対称およびそれに関連した対称の無限集合も持っています。面白いのは、物質的には同じ岩塩の結晶に、顕微鏡レベルの構造からは必ずしも明白に思えないような性質があることです。たとえば、ある特定のタイプの結晶の2つの面の間の角度は、結晶の大きさや形に関係なく、つねに一定です。岩塩の結晶はつねに完璧な立方体になるわけではありません。たくさんの立方体が重なり合って一緒に積み上がったような形に見えることもよくあります。しかし、隣り合う2つの面の角度は必ず90°です。こうした結晶の見た目の形状や角度を晶癖（しょうへき）といい、晶癖から顕微鏡レベルでの構造の対称性の群が決定されます。異なる結晶は異なる晶癖を持っていることがよくあります。たとえばダイヤモンドの晶癖は面心立方格子で、これは最も効率的に原子を充塡できる形であることがわかっています。だからダイヤモンドは天然の物質のなかで最も硬度が高いのです。

物理学のいろいろな保存則（エネルギー保存則や電荷保存則など）はすべて、その土台にある方程式の対称性から生まれています。かつては、宇宙には「荷電（charge）」、「パリティ（parity）」、「時間（time）」という3種類の基本的対称性があると考えられていました。荷電対称性は、仮にすべての物質が反物質に反転しても物理法則は不変であり、逆もまた真であることを意味します。パリティ対称性は、原則的に言ってしまえば、物理法則は左右の区別をしない、従ってもし宇宙全体を鏡映反転させたとしてもすべての法則は同じままであるということです。時間対称性は、物理法則は時間の方向を逆にしても不変であるという内容です。

最後の時間対称性は、直観に反しているように感じられるでしょう。花瓶が棚から落ちて割れることがあるのなら、逆に、割れた花瓶のかけらがひとりでに集まってくっつき、棚の上に飛び上がることも物理法則は許容すると言っているのと同じだからです。ところが実際、それは（ものすごく微小な可能性ではありますが）絶対不可能ではありません。現実には花瓶が元に戻らない理由は、熱力学の第二法則にあります。熱力学の第二法則は、自然界においては物理的というよりも統計学的で、エントロピーと呼ばれる量を扱います。エントロピーは秩序の乱れぐあいをはかる物差しのひとつです。エントロピーは、ある系に微視状態がどれくらいあるか——言い換えると、物理的性質を保ったままで系内の配置を変える方法がどれくらいあるか——に関係しています。たとえば、封を切ったばかりのトランプのカード（スペード、クラブ、ダイヤ、ハートのマークごとにAからキングまで順に並んでいる状態）は秩序立っており、エントロピーが非常に低いといえます。秩序立った状態を維持したままでどこかを変えようとしても、変えられる部分がわずかしかありません。できるのはせいぜい、数字の並びを保ったままマークの順番を入れ替えるくらいですが、それで作り出せる微視状態は24通りです。ところがそれに対し、でたらめにシャッフルしてランダムな順にカードが並んでいる山は、別のランダムな並び順の山に変わるパターンが52×51×50×…×2×1通り（8の後ろにゼロを67個並べたよりも大きな数）もあるので、高いエントロピーを持っています。熱力学の第二法則は、（少なくとも、物質もエネルギーも出たり入ったりしない閉じた系では）トータルでのエントロピーはつねに増大すると述べます。理論的には、ある特定の場面でエントロピーが減少することもありえますが、その確率はおそろしいくらいわずかです。たとえば、「でたらめにシャッフルした後のカードをさらにシャッフルしたら、完璧に順番が揃った山になる」ことは、絶対にないとは言えませんが、ほとんど考えられません。それに比べると、恐ろしいほどたくさんのパターンがあるでたらめな並び順のうちの別の1通りになる可能性の方が圧倒的に高いのは明らかです。同様に、割れた花瓶は割れる前のちゃんとした花瓶と比べてはるかにエントロピーが高く、壊れて散らばっているという微視状態のパターンは数えきれないほどたくさんありえます。そのため、物理学の法則は「かけらが再び花瓶の形にくっついて棚の上に跳び上がる」ことを禁じてはいないものの、実際には壊れた状態のままにとどまる可能性の方が、問題にならないほど高いのです。

従って、熱力学の第二法則は時間が非対称性を持っているように見える理由を説明しつつ、3つの中心的な対称性そのものは肯定しています。自然界の4つの基本的な力——重力、電磁気力、強い力、弱い力——のうち、弱い力以外の3つの力は、上述の荷電、パリティ、時間という3つの基本的対称性すべてに従っていることがわかっています。かつて物理学者たちは、弱い力も同様であることがいずれ示されるだろうと考えていました。そうした中で、1956年に中国系アメリカ人の物理学者・呉健雄（ウーチェンシュン）が、弱い力におけるパリティの対称性の有無を確かめるためにある実験を行いました。コバルトの放射性同位体のひとつであるコバルト60を超低温の磁場の中に置き、その壊変を測定するという実験でした。コバルト60は壊変の際に電子を放出します。呉の観察結果は、それらの電子が特定の方向——原子核のスピンとは逆方向——に向かって放出される傾向がある、というものでした。もしもパリティ対称性が保たれていれば、私たちの宇宙が鏡映反転した世界でも、電子が放出される方向は同じはずです。ところが彼女は、実際には放出される方向が逆であることを示したのです。

パリティの破れは物理学界を揺るがす大事件でした。当時の主導的理論家だったヴォルフガング・パウリは「まったくのナンセンス！」と言い、他の研究者たちは、呉が何かミスをしたに違いないと考えてただちに実験の再現に取り掛かりました。ところが、どの再現実験も彼女の実験の正しさを追認したのです。パリティの対称性は実際に破れていました。そこで一部の物理学者は、反物質は物質の鏡像と同じものだろう（従って反コバルトは呉の実験でのコバルトの鏡像と同じふるまいをするのではないか）と示唆することによって、荷電（C）とパリティ（P）を合わせたCP対称性は保存されているはずだと主張しました。しかし1964年に、CPの対称性も破れていることが示されました。時間（T）の対称性も同様で、しかもそれは熱力学の第二法則の統計学的レベルにとどまらず、素粒子と基本的な力という最も根本的なレベルで破れていることがわかりました。これにより、宇宙の真の対称性として残る候補はCPT対称性だけになりました。CPT対称性は、荷電、パリティ、時間の3つをすべて反転させたら、宇宙の物理法則は同じままだと説きます。これは、たとえばCP対称性の破れは時間対称性の破れと同じだという意味になります。宇宙に関する現在の私たちの数学モデルに従うなら、CPT対称性が破れることは絶対にありません。実際、これまでに行われたすべての実験はこのことを裏付けています。けれども、それが宇宙の真の対称性なのか、それともいつの日かCPT対称性すら成立しない新たな理論が出てくるのかは、わかりません。

私たちは対称性についてずいぶん多くの内容を見てきましたが、ケイ先生が投げ掛けた問題を本当に解いてはいません。それどころか、謎は何倍にも膨れ上がったように思えます。なぜ、荷電、パリティ、時間という3つの対称性はそれぞれが個々に破れているのに3つが組み合わさると破れていないのでしょう？　なぜ宇宙はどの方向にも均一に広がる均質なガス雲ではないのでしょう？　もっとはっきり言えば、なぜ宇宙が始まった時に等量生成したはずの物質と反物質が、対消滅ですべて消えて放射のみを後に残すのではなく、反物質が消えて物質が残っているのでしょうか？

WMAPの観測データから作られた、若かりし頃の宇宙の全天図。のちに銀河へと成長する“種子”になった温度ゆらぎの、137億7000万年後の残照です。色が明るい部分の方が、暗い部分に比べてごくわずかだけ高い温度です。

誕生した直後の宇宙が不均一だったと確認されたのは、2001年に打ち上げられて9年間運用されたウィルキンソン・マイクロ波異方性探査機（WMAP）による観測の成果です。WMAPは、ビッグバンの微弱な残照である宇宙マイクロ波背景放射を測定し、宇宙のある部分は他の部分と比べてごくわずかに温度が高い――すなわち、宇宙マイクロ波背景放射にはごくわずかな非対称性がある――ことを探り出しました。ひとたびそうした非対称性が定着したことで、それが成長し、最終的に現在私たちが見ているような密度の濃淡のある宇宙――ほとんど物質がない空間をへだてて銀河や銀河団が散らばっている宇宙――になることができました。しかし、そもそも、最初にどのようにして非対称が生じたのかという大きな謎は残っています。非対称がなければ、今こんな疑問を口にしている私たちも存在しなかったはずです。これは、最も深遠な性格を持った疑問です。なぜ宇宙は完璧な対称性を持っていないのでしょう？いつ、どのように、この非対称性は始まったのでしょう？

第5章

芸術のための数学

私が関心を持つのは、数学の創造的芸術としての側面だけである。
——G・H・ハーディ

数学の中心には、情熱と生き生きした活力が存在します。それと同じ情熱や活力は、しばしば美術と音楽を通じて非常にはっきりと私たちの前に披瀝されます。数学者と芸術家は、同じタイプのパターンに——物理的な世界に埋め込まれたパターンに——惹きつけられるのです。だとすれば、芸術家や建築家の活動から数学における大きな進歩が生まれたり、視覚芸術の偉大なパイオニアたちの作品の中に、その作品の根幹にかかわる形で数学が含まれていることがあるのも、驚くにはあたりません。

数学を自身の創造活動に取り入れた最初の芸術家のひとりに、紀元前5世紀のギリシャの彫刻家ポリュクレイトスがいます。ポリュクレイトスはブロンズやその他の素材で英雄たちの像を作りました。作品のいくつかはローマ時代に作られた大理石の複製の形で現在まで残っています。彼はピタゴラス学派の影響を受けていた可能性があり、ピタゴラス学派の人々と同様に、万物の根底には数学があり、芸術的完璧さを実現する上で数学こそが肝心かなめであると信じていました。そして、運動選手や神の像は各部分があらゆる点で均整の取れた形をしているべきで、しかも各部はシンプルな数学的比率に従って連結されていなければならないと考えました。彼にとってその体系の中心だったのが、2の平方根——およそ1.414——です。彼の出発点は手の小指の一番先の骨（末節骨）の長さでした。この長さを $\sqrt{2}$ 倍すると、あるべき中節骨（末節骨の手前の骨）の長さが得られ、さらにそれを $\sqrt{2}$ 倍すると基節骨（さらに手前の骨）の長さが得られるという考え方です。次に小指全体の長さを $\sqrt{2}$ 倍すると、手のひらの長さ（小指の付け根から尺骨の端まで）が割り出されます。同じように $\sqrt{2}$ を何度も掛けていくことで胸部の寸法や胴の長さなどを次々に求め、最終的に彼は、自らが理想と考える男性の均整のとれた身体の基本寸法をすべて手に入れました。幾何学的な寸法を連鎖的に得るこの体系について彼が書いた『カノン』という論文は、古代ギリシャ・ローマからルネサンスまでの多くの彫刻家の手引きとなりました。

平面に絵を描く画家たちは、立体的な場面をどう表現すべきかという問題に直面しました。ギリシャ人もローマ人も、奥行き感のある絵を生み出そうと格闘し、ある程度まで成功しました。紀元79年に火山灰に埋まったポンペイのとあるヴィラの壁のフレスコ画が現在ニューヨークのメトロポリタン美術館に展示されていますが、ある種の遠近法を用いて多数の建物が描かれており、奥行きと距離がかなりうまく表現されています。近くでよく見ると、奥へ向かって伸びる柱の列やその他の物体はあまり正しく描写されていないことがはじめてわかります。

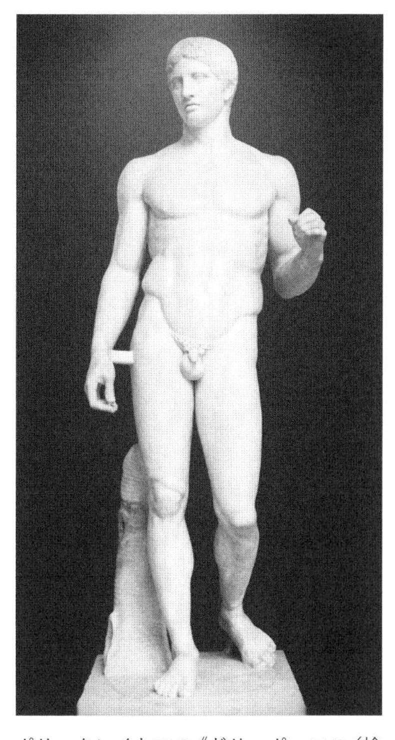
ポリュクレイトスの《ドリュポーロス（槍を持つ人）》（紀元前440年頃）。ローマ時代に大理石で作られた複製。

ところが中世には、ほとんどの画家は正確な立体的視線を手に入れようと試みさえしませんでした。それはひとつには、古代に存在した「どうすれば立体的に見える絵を描けるか」という知識が失われたせいであり、もうひとつには、中世絵画の最大の依頼主であり監督者であった教会が、目に見えるありのままを描くことを望まなかったからです。たとえば、中世の画家たちは一般に、絵の中の人物や物体の相対的位置関係を正しく描くかわりに、絵の主題に関係した宗教的に重要な人物や物を大きく描いていました。

ヨーロッパにおいて数学的に厳密な遠近法への突破口が開かれたのは、1400年代初め、ルネサンスのあけぼのの時期でした。それより1世紀以上前に、先駆者たるフィレンツェの画家・建築家のジョット・ディ・ボンドーネが代数学を使い、絵の中で遠くにあるものの線をどのように描くべきかを示そうと試みたことがありましたが、現在私たちが「射影幾何学」と呼んでいるものをしっかりした足場の上に築き上げたのは、同じイタリア人のフィリッポ・ブルネレスキです。

ブルネレスキは実務の人で、当初は金細工師として働いていました。彼を最初の近代的構造工学者と呼ぶ人々もいます。最大の業績は、壮大なフィレンツェ大聖堂の新しいドーム屋根（内径約46 m）の建築です。大聖堂監督官たちは、数万トンの重さになるにもかかわらず石積みのドームを望み、しかも、当時巨大な構造物を作る方法として唯一知られていた、応力を下に分散できるため高さを稼げる尖頭アーチも、ドームの横方向にかかる力を支える飛び梁もなしで、自立するドームにすることを求めました。さらにこのドームは、建築済みの高さ50 mもの八角形の壁の上に作られなければなりませんでした。ブルネレスキは、極めて困難なこれらの課題に対応したプランで公募を勝ち抜き、建築方法と現場の安全性にもまったく新しいアプローチを持ち込みました。たとえば、建築労働者が酔っぱらわずに午後の作業ができるよう昼食時に出すワインは水で薄める、落下した者を受け止めるセーフティネットを張る、シフト交代を告げるチャイムが鳴る時計を使うといった工夫です。また、建築資材をドーム作業現場まで引き上げるために世界初のリバースギア〔逆回転できる歯車機構〕を開発し、1頭の雄牛を使ってスイッチの切り替えだけで荷物を上げ降ろしできるようにしました。

美しいドームが完成に近づいた1434年に、ブルネレスキは絵の展示鑑賞会を開き、建築とはまた別の画期的手法をお披露目しました。彼はその前にまず、大聖堂付属の八角形の洗礼堂（12世紀の建築）を鏡に映し、映った像の上に絵を

フィレンツェ大聖堂のドーム屋根

描くことで、正確な写し絵を作りました。立体的な建物を正確に平面に写し取ったことを証明するため、彼は絵に小さな穴をあけて裏側から人が実物の洗礼堂を覗き見られるようにしつつ、第2の鏡を置いて、絵に描かれた洗礼堂を反射させました。絵の側を向いているこの2枚目の鏡を動かし、絵の裏から見ている人の視界に入れたりはずしたりすると、本物の洗礼堂と絵に描かれた洗礼堂（が鏡に映った像）が重なって、同じだとわかるしくみです。像は背景とも連続的につながって見えます。

この方法で彼は、——おそらく史上初めて——真の透視図の作成に成功しました。すなわち、ブルネレスキは分析的な思考で遠近感の表現方法を考察し、その数学的構造を解き明かしたということです。洗礼堂と周囲の建物を構成する線を眺めた彼は、注目すべき点が2つあることに気付きました。第一に、中央の消失点は、観察者の視点の位置と正確に向き合っており、地平線上にあるということ。第二に、地平線はその点（中央の消失点）だけでなく、傾斜消失点——洗礼堂自体の遠近感を規定する線が集まる場所——も通っているということです。

イタリアや他の国々のルネサンス芸術家たちは、ブルネレスキが発見した原

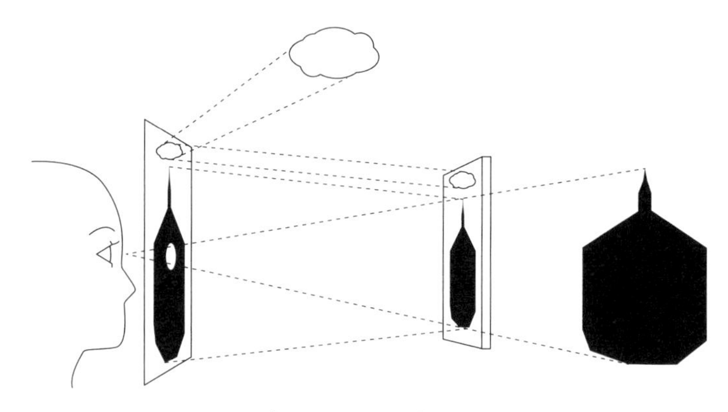

ブルネレスキの透視図法

理を作品制作に取り入れはじめました。数学者はこの新しい知識に自分たちの考察を組み合わせ、射影幾何学という学問の基礎を据えました。射影幾何学の先駆けのひとりがフランスの数学者・技師・建築家のジラール・デザルグで、1636年に物体の透視図を描く幾何学的な方法の研究を出版しました。彼の考え方は、画家ローラン・ド・ラ・イールや版画家アブラーム・ボスといった当時の一部の芸術家には強い影響を与えましたが、やがて忘れられ、1800年代初めにようやく再発見されます。

立体的な物体を視線と垂直に交わる平らな面に投影する方法をブルネレスキが編み出してから3世紀の後、射影幾何学を文字通り新しい地平へと押し上げたのが、フランスの数学者ジャン＝ヴィクトル・ポンスレでした。ナポレオン軍の一兵士としてロシア遠征に参加し、捕虜となって凍てついた平原を5ヵ月間歩かされた末、ヴォルガ川下流のサラトフの捕虜収容所に入れられた彼は、1813年3月から1814年6月までの収容中に自身の考察を文章に書きとめ、1822年に『*Traité des propriétés projectives des figures*（図形の射影的性質に関する論文）』として出版しました。彼はその中でブルネレスキの発見を一般化し、傾けた平面や回転させた面でも射影できる方法を論述しました。20世紀初めになると、オランダの数学者・哲学者のL・E・J・ブラウワーがポンスレの説をさらに発展させて、引き伸ばしたりねじったりしてどんな形にも変えられる面（まるでゴムでできているような面）への射影も含む理論を生み出します。そして最後に、射影幾何学は一周して元に――芸術に――戻ります。1997年にアメリカの彫刻家・屋外芸術家のジム・サンボーンがアイルランドのクレア州キルキーの海岸の岩石層に年輪のような同心円パターンを投影して、ブラウワーの原理を視覚化してみせたのです。

射影幾何学は、500年以上前から数学者と芸術家の間を行き来しながら発展してきました。時には物理学者も加わりました。イギリスのポール・ディラックは理論物理学に転じる前に数学の学位を取得しており、なかでも射影幾何学が好きだったことや、それが物理学的な洞察の源として役立ったことを語っています。彼自身は明言していませんが、有名な量子力学の方程式（ディラック方程式）を生み出す際に射影幾何学が一定の役割を果たしたのではないかと考えられる根拠があります。ディラック方程式は、電子のような粒子が光速に近い速度で運動する際のふるまいを説明し、反物質の存在を予言しました。

著名な芸術家にも、数学的な内容を作品に取り入れた人々がいます。先駆けのひとりが、数学者でもあったドイツの画家アルブレヒト・デューラーです。彼の代表作のひとつにして世に大きな影響を与えた銅版画作品に、1514年の《メランコリア I》があります。この作品に描かれている翼のある人物は、中世哲学のいう4つの気質のひとつである「憂鬱質（メランコリー）」をあらわしています。中世には、4種類の体液に応じた4種類の気質があると考えられていたのです。憂鬱質は黒胆汁という体液と関係しており、加えてローマ神話の神サトゥルヌス、創造的天才、狂気とも結びついているとされていました。デューラーの版画では、憂鬱質を体現する女性は太ももの上に本を載せ、右手にはディバイダ（コンパスに似た形の文具）を持っています。周囲には、球、多面体、4×4マスの魔法陣――1から16までの数を1つずつ入れ、縦横斜めのどの列の和も同じ（この場合34）になる――といった、数学に関連あるものが配置されています。魔法陣の下段中央の2マスの数字は15と14で版画の制作年と一致しますし、他のマスには制作時のデューラーの年齢や、彼の名前のアルファベットもコード化されて隠されています。記録に残る最古の魔法陣は、2000年以上前の中国のものです。しかし、西洋において広く一般の人々の目を魔法陣に向けさせ、数学面からの研究が行われるきっかけを作ったのはデューラーでした。やがて、恐ろしく多数の論文を書いたスイスの数学者・物理学者レオンハルト・オイラーが『*De quadratis magicis*（魔法陣について）』（1776）という論文で、後にオイラー方陣と呼ばれることになるものを定義します。この方陣は近代数学の「組合わせ論」（順列と組合せの数学）という分野の発展に役立ち、また周波数ホッピング〔特定のノイズによる妨害を防いだり、複数の局と同時に送信したりするために、周波数を高速に切り替える技術〕を通じて効率の良い無線通信にも寄与しました。

デューラーは多面体にも魅了されていました。《メランコリア I》に描かれた多面体は今日に至るまでさまざまな考察や論争のテーマになっています。8つの面を持つこの立体は専門的には切頂ねじれ双三角錐といいます。作り方は、立方体を用意し、1つの頂点を下にしてバランスを取って立たせ、上下の頂点を持って少し引き伸ばした後、この2つの頂点部分を水平に切り取ります。なぜデューラーがこの形を選んだのかは謎です。方解石などのようにこの形の結晶を作る鉱物はありますが、デューラーがそれを知っていたとは思えません。結晶構造の数学的研究が始まったのは彼よりも1世紀ほど後の時代だからです。他にいくつかの可能性が、デューラーのノートに描かれたスケッチを手掛かりにして考えられています。ある説は、スケッチのなかに、《メランコリア I》の立体に似た図形が球の中にぴったり収まるように——有名な「プラトンの立体」（正多面体）と同じように——描かれたものがある点に注目しています。別の説は、デューラーが「コンパスと直定規（目盛りのない定規）だけで立方体の体積を2倍にする」という古来の問題の近似的解決法としてこの

アルブレヒト・デューラーの銅版画《メランコリア I》

形を考えたのではないかとしています。今ではこの「立方体倍積問題」を正確に解くことは不可能だと証明されていますが〔第13章参照〕、デューラーは1525年に出版した幾何学書『*Underweysung der Messung mit dem Zyrkel und Rychtscheyd*（コンパスと定規による測定の指南）』で、極めて優れた近似的手法を詳しく説明しています。

デューラーのこの本では、多角形（直線の辺から成る平面図形）を折って多面体（立体）にすることで幾何学を教えるという新しい教授法も紹介されています。つまり展開図から立体を作るということです。今では世界各地の小学生たちが、授業の中で展開図を使って立方体やピラミッド型などの多面体を作っています。「これこれの立体を正しく作れる展開図は次のうちどれか」という問題はテストでおなじみです。

ある多面体を作れる展開図は、何種類もありえます。どの辺を切り離し、どの辺は切らずに残しておくかで違いが出るのです。また、同じひとつの展開図なのに、どの辺とどの辺を突き合わせるか、どういう角度で折るかによって、2種類以上の異なる凸多面体を作れるものもあります（凸多面体とは、図形表面の任意の2点を結ぶ直線がすべてその図形の表面上あるいは内側にあるような多面体です）。1975年にイギリスの数学者ジェフリー・シェパードは、多面体についてのある問いを提示しました。その問いにはまだ答えが見つかっていません。彼が問うたのは、すべての凸多面体に少なくとも1つの展開図があるかどうかという点でした。デューラーがこの問題の先駆者であったことから、時に「デューラーの予想」とも呼ばれます。展開図を持たない非凸多面体はたしかに存在します。また、あらゆる凸多面体の面を分割して、分割された複数の面の集まりが展開図を持つようにできることも知られています。しかしシェパードが投げかけた一般的な問いは、まだ未解決です。

芸術は数学を描き数学は芸術を刺激するという伝統は、過去のどんな時代よりも現代において繁栄と豊穣を謳歌しています。20世紀に数学や科学から導かれた概念を作品の中心に据えて描いた芸術家の双璧といえば、オランダのマウリッツ・エッシャーとスペインのサルバドール・ダリでしょう。ふたりとも線描画や銅版画や彩色画を制作する際に優れた数学者や科学者と密接に協力し、学術的説明を聞いても理解しにくい数学的概念を芸術鑑賞を通じて把握するという新しい方法を人々に提供しました。

エッシャーは自分に数学の才能はないと述べていますが、ハンガリー出身のジョージ・ポリア（ポーヤ・ギョルジ）やイギリスのロジャー・ペンローズ、カナダのハロルド・コクセター、ドイツの結晶学者フリードリヒ・ハーグといった優れた数学者や科学者の助力を得ることができました。子供時代に病弱だったエッシャーは学校では苦労しました。しかし、20代でイタリアとスペインに旅した際に芸術的刺激を受け、特にスペインのグラナダにあるアルハンブラ宮殿（イスラム王朝時代の城塞・宮殿）の精妙な装飾的デザインに魅了されました。アルハンブラのタイル模様の驚くべき多彩さと複雑さは、エッシャーの心に平面敷き詰め（平面充填、第7章で詳述します）への興味を湧き上がらせ、彼の代表作のいくつかに見られる特徴的表現に結実します。

エッシャーが数学に傾倒し、数学の専門的な発想を多くの人に受け入れやすい形で巧みに絵画化したことに対しては、美術界の多くの人から「あまりに知的すぎる」との批判の声があがりました。しかし、彼の作品は一般の人々に大きな人気を博し、それは今も続いています。数えきれないほどのポスターや本の装丁や音楽アルバムのジャケットが、エッシャーの作品を使っています。代表例がダグラス・ホフスタッターのベストセラー『ゲーデル，エッシャー，バッハ』や、モット・ザ・フープル〔イギリスのロックバンド〕の1969年のデビューアルバムです。エッシャーは、生き物やその他の図形を隙間なく並べていく技法だけでなく、反復や、次元の違いや、よく知られた「不可能な構造物」――平面で見ると成立していそうに思えるのに、よく見ると実現不可能で、見る人を驚かせ混乱させる図形――も探求しました。リトグラフ《相対性》（1953）は重力が3方向に作用しているかのような建物を描いており、不可解で矛盾した視点や現実には不可能な形で連結された階段が見る人を幻惑します。1954年にアムステルダムで国際数学者会議が開催された際、会議に参加した数学者・物理学者ロジャー・ペンローズと幾何学者ハロルド・コクセターは市内の美術館にエッシャーの作品群を見に行き、展示されていた《相対性》を見て、興味を引かれました。

この作品に触発されたペンローズと父ライオネル（精神分析医・遺伝学者・数学者）は、不可能な物体——2次元に描くことはできても、3次元では実現できない図形——の探求を開始します。アムステルダムの会議の数年後、ロジャー・ペンローズはエッシャーに自筆のスケッチを送りました。描かれていたのは1934年にスウェーデンの芸術家オスカル・ロイテシュヴァルトが最初に考案した不思議な三角の図形で、今ではペンローズの三角形として知られています。手紙には、ライオネルによる無限階段の絵も同封されていました。今度はエッシャーがこの階段の絵に刺激され、《上昇と下降》（1960）と《滝》（1961）を発表します。それらの作品では、修道僧のような人々が階段を上ったり、水が水路を流れ下っていくように見えますが、最後には修道僧も水も出発点に戻ってしまいます。

ペンローズの三角形

一方、美術館の展示を見て複雑な平面充填へのエッシャーの関心とそれを絵に描く才能を認めたハワード・コクセターは、アムステルダムの会議で自らが行った発表の原稿のコピーをエッシャーに送りました。そこには、コクセター自身が双曲平面充填のために準備した図が含まれていました。双曲平面は、私たちにおなじみのユークリッド平面と同様に、無限に広がる開いた面です。違うのは、ユークリッド平面では曲線や曲面の曲がり具合をあらわす“曲率”がゼロで平面は文字通り平らなのに対し、双曲平面の曲率は負である点です。双曲平面上の平行線を延長すると一方の側では交わるか1本に合わさるかし、もう片側ではどんどん離れていくことがありえます。双曲平面を円板としてあらわす〔双曲平面を特定の条件で置きかえた円板を考える〕と、その上に描かれた図形（たとえば三角形）は円板の端に近付くほど歪み、密集していきます。ポアンカレ円板として知られるそうした円板を描いたコクセターの絵を見たエッシャーは、すぐさま、有限な2D平面上で無限を表現する方法がそこにあることに気付きました。コクセターとの間でさらにやりとりをして助言を受けたエッシャーは、より複雑な図形による双曲平面の充填に乗り出しました。その結果生まれたのが、連作木版画《円の極限I - IV》(1958～1960) です。この4枚の最終到達点は、ポアンカレ円板上で白い天使と黒い悪魔が画面を埋める《円の極限IV：天国と地獄》でした。

エッシャーと同時代のサルバドール・ダリも、数学者や科学者の協力を得ていました。ダリの《磔刑（たっけい）(超立方体的人体)》は、正八胞体 (4次元空間において立方体に相当する図形) の展開図にキリストが磔（はりつけ）にされている油絵ですが、若きトマス・バンチョフは1955年にニューヨークのメトロポリタン美術館でこれを見て、4次元以上の高次元への興味をかきたてられました。20年後、ロードアイランド州プロヴィデンスにあるブラウン大学の数学教授となっていたバンチョフは、ダリからニューヨークで会いたいという招待を受けます。バンチョフの同僚のひとりはこれを聞いて「誰かのイタズラか、訴えられるかのどちらかだろう」と茶化しましたが、実際にダリは立体的絵画の連作に取り掛かろうとしており、高次元を"見る"技法についての助言を欲しがっていたのです。ダリとバンチョフの10年間にわたる協力の始まりでした。

1950年代に、ダリの興味の中心はそれまでの心理学から離れ、科学と数学へ移行しました。この変化について彼自身はこう書いています。

> シュールレアリスト時代の私は、わが父なるフロイトの語る内面世界と不思議な世界を図像として創造したいと望んでいた。(…) 今は、外面世界と物理学世界が心理学世界を凌駕するに至った。今のわが父はハイゼンベルク博士である。〔ハイゼンベルクについては第9章を参照〕

ダリのこのパラダイムシフトが如実にあらわれているのが、1931年の《記憶の固執》と1954年の《記憶の固執の崩壊》の対比です。彼の最も有名な作品のひとつである《記憶の固執》では、いろいろな物体にぐにゃりと曲がって乗っている柔らかい懐中時計は、夢の中やその他の変性意識状態の時に経験される時間と空間の流動性を示唆しています。それに対して《記憶の固執の崩壊》では、画面にブロックが並び、《記憶の固執》に描かれていたものが断片化されて、物質とエネルギーは離散的な量子に分解されるという現代物理学の視点が採用されています。

戦後のダリが科学と宗教と幾何学に魅了された時期に描いた作品のうち特に人気のある《最後の晩餐の秘跡》(1955) では、有名な黄金比が取り入れられています。数学に出てくる数や量のなかでも、黄金比ほど芸術家や科学者や心理学者や数秘術師、場合によっては数学者自身をも魅了するものは他になく、同時にこれほど誤って伝えられているものもありません。黄金比は好奇心をそそりますし重要でもありますが、多くの間違った主張にも利用されています。

aとbという2つの数があり、aの方がbよりも大きい時、比である $\frac{a}{b}$ が、両者の和と大きい方の数との比である $\frac{a+b}{a}$ に等しければ、2つの数は黄金比の関係にあるとされます。黄金比の値は $\frac{1+\sqrt{5}}{2}$、つまり1.6180339887… で、ギリシャ文字のファイ (φ) であらわされます。円周率のπと同じくφも無理数で、「整数÷整数」という形の分数にできず、十進法で表記すると小数点以下が無限に続き、同じパターンの繰り返しは決して現れません。けれどもπと違うのは、φは超越数ではない――つまり整数の係数を持つ代数方程式の解になることができる――点です(係数というのはたとえば$5x^2$の「5」のことで、φは整数を係数とする二次方程式$x^2-x-1=0$の正の解です)。

辺の長さの比率が黄金比になっている長方形は、黄金長方形と呼ばれます。ダリが《最後の晩餐の秘跡》で選んだのはこの形でした。キャンバスの寸法は166.7×267 cm ($65\frac{5}{8}\times105\frac{1}{8}$インチ) です。テーブルの上面は画面の高さに対して黄金比となる位置に描かれ、キリストの両隣にいる使徒は画面の幅に対して黄金比の位置にいます。晩餐の場面は巨大な十二面体の中に描かれていて、正五角形の窓の外には、ダリの生まれ故郷カタルーニャの風景が見えます。正十二面体では、五角形の面それぞれの中心は3つの黄金長方形の頂点と交差し、辺の長さの比が $(\varphi+1):1$ と $\varphi:1$の長方形は、正十二面体の中にぴったり収まります。

ダリは、レオナルド・ダ・ヴィンチが聖書のこの場面を描いた際のφの使い方を借用したのかもしれません。レオナルドの《最後の晩餐》では、部屋やテーブルその他の寸法の一部が黄金比になっているように見えます（ただし、単なる偶然かそうでないのかはわかりません）。また、レオナルドの《モナ・リザ》に描かれている女性の顔を囲むように長方形を描くと、黄金長方形になるという説もあります（これもやはり意図的なのかどうかはわかりませんし、そもそも顔を囲む長方形をどのように描くべきか正確に決めるのは困難です）。とはいえ、レオナルドがフランシスコ会修道士で数学者のルカ・パチョーリと親しかったことは疑う余地のない事実です。パチョーリが1509年に出版した3巻からなる論文『*De divina proportione*（神聖比例論）』は黄金比を扱っており、レオナルドが挿画を描いています。「神聖比例」という呼称はルネサンスの多くの思想家がφを指すために使っており、そこにはこの数に対する神秘的な畏敬の念が反映されています。

φは実際に数学における驚くべき数で、πと同じく、予想もしないあちこちの場所に突然現れます。たとえばφはフィボナッチ数列とも深く関係しています。フィボナッチ数列は1200年頃にレオナルド・フィボナッチが最初に紹介した数列で、0と1から始まり、前の2つの数を足すと次の数になります（0, 1, 1, 2, 3, 5, 8, 13… という具合です）。連続する2つのフィボナッチ数の比を計算すると、$\frac{3}{2}=1.5$、$\frac{13}{8}=1.625$、$\frac{233}{144}=1.618$ というふうに、数が大きくなればなるほどφの値に近づいていきます。フィボナッチ数を視覚的にあらわす有名な方法として、1辺が1の正方形を横に2つ並べ、できた長方形の下の辺を1辺とする正方形を描き、次にその右に今描いた正方形とひとつ前の正方形を合わせた辺を1辺とする正方形を描き、というふうに連続して正方形をらせん状に並べていくやり方があります。この四角形それぞれの1辺を半径として弧を描くとらせんができますが、そのらせんが自然界で——たとえば巻貝の殻や波の形、ヒマワリの種の並び方、バラの花びらの付き方などに——しばしば見られるのです。フィボナッチ数列と黄金比に密接な関係がある以上、フィボナッチ長方形と極めてよく似た黄金長方形から作られる「黄金らせん〈注〉」も、確実に自然界との間に同様の親近性を持っていることになります。

φが数学のあちこちに顔を出し、そのうえ自然界の全く予想外の場所に出現する傾向を持つことを考えると、ルネサンスの思想家たちがφに「神聖な」地位を与えたのも無理はないと思えます。当時——14世紀から17世紀にかけ

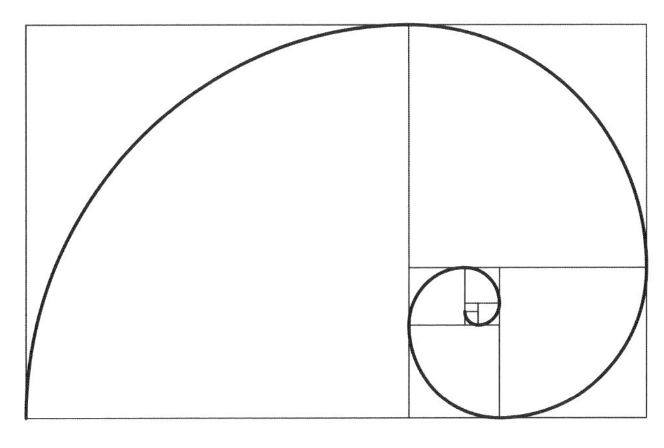

フィボナッチらせん

て——知的活動に携わっていた人々は、神のような超自然的存在が自然界に介入しているという考え方に基づき、地上のものごとも天空のものごともひっくるめてどんどん拡大する知識や概念に統一的なまとまりを与えようと努力していました。この苦闘の中心にいた科学者のひとりが、ドイツの天文学者・数学者ヨハンネス・ケプラーでした。彼は、宇宙は調和と平衡と数学的対称の厳格な規則に従って構成されていると固く信じていました。著書『*Harmonices Mundi*（宇宙の調和）』には、惑星の配置と運行を司る永遠の幾何学的形式や、天体が天空上の永久不滅の道を移動しつづける際に奏でる音楽について記されています。『*De nive sexangula*（六角の雪片について）』という随筆では、正多角形や花びらとともに神聖比例（φ）とフィボナッチ数列も取り上げています。彼はこう書きます。「幾何学には、ふたつの偉大な宝がある。ひとつはピタゴラス

〈邦訳版注〉黄金らせんについて簡単に説明します。黄金長方形を描き、次にその短辺を1辺とする正方形を元の黄金長方形の中に描くと、残った長方形が新たな黄金長方形になります。これを繰り返すと、どんどん小さな黄金長方形がらせん状に配置されていきます。その中で、正方形の部分に、それぞれの正方形の1辺を半径とする弧を描いてつないだものが黄金らせんです。

の定理であり、もうひとつは外中比〔黄金比と同じ意味〕である。前者は金塊に比すことができ、後者は貴重な宝石と呼べるだろう」。

φには、数学の最も興味深く驚きに満ちた分野にもぐりこむ習性があるのかもしれません。とはいえ、φに関して言われている内容の中には、ひどい誇張や明らかな間違いも含まれています。数秘術師や似非歴史家は、まったく無関係なもの同士に関連性をでっちあげるのが大好きです。たとえば、超自然的な視点でピラミッドを語る人々はギザの大ピラミッドの底辺の長さと高さの比がφだと主張しますが、それは間違いで、実際は1.572です。また、古典古代のもうひとつの偉大な建築物であるアテネのパルテノン神殿の形が黄金比で説明できるというのも嘘です。

比較的現代に近い例として、黄金比に人間の精神や感覚に対する特別な美的アピール力があることを示す科学的証拠を発見したと主張する人々がいます。このトレンドが生まれたきっかけは、1860年代にドイツの物理学者・心理学者グスタフ・フェヒナーが、縦横の比率が異なるさまざまな長方形を使って一連の実験を行ったことでした。被験者は、最も魅力的だと感じる長方形を選ぶように言われました。フェヒナーは、選ばれた図形の4分の3は縦横比が1.50、1.62、1.75の3種類の長方形であり、最も人気があったのは1.62の黄金比の図形だと発見しました。次に彼は、数千種類にものぼる「長方形の物体」(窓枠、美術館の絵画の額縁、図書館の本など)の縦横の比率を測定します。彼の著書『*Vorschule der Aesthetik*(美学入門)』によれば、それらの平均値は黄金比に非常に近かったということです。

フェヒナーのこの発見に対しては、異議も唱えられてきました。カナダの心理学者マイケル・ゴドケウィッチは、被験者がどの長方形を選ぶかは、他にどのような長方形がいくつあって、それらがどのように配置されていたかによって変化するため、フェヒナーの結論には欠陥があると論じました。同様にイギリスの心理学者クリス・マクマナスも、「黄金分割(黄金比の別の言い方)それ自体が、類似の他の比率(たとえば1.5、1.6、1.75など)と異なる重要な意味を持っているのかどうかは、不明である」と、疑問点を指摘しています。

一部の人々が唱える「顔の特定の部分の比率が黄金比である場合の方が、より魅力的に感じられる」という説をめぐっても、同様の問題があります。ロンドンのユニヴァーシティ・カレッジ病院の矯正歯科医マーク・ローウィーは1994年の論文で、ファッションモデルの顔はそうした〔黄金比の〕特徴を持つ傾向があるために美しいと見なされる、と示唆する研究結果を発表しました。しかし彼の説にも異論が唱えられています。同じ病院の顎顔面ユニットに所属するアルフレッド・リニーと同僚たちは、トップモデルの顔を精密測定する研究を行って、モデルたちの顔の特徴はそれ以外の人々の特徴と同じだけ多様性に富んでいることを発見しました。

芸術と建築は、その性質を考えれば当然のことですが、極めて主観的な側面を持っています。芸術や建築が人間の感覚や感情に訴えかける際には、数学が踏み込んだことのない「経験」という領域に、極めて純粋かつ高度な形で入り込みます。結果として人は、何年も数学を研究して知的努力を重ねる必要なしに、数学的な美しさを感じ取ることができるのです——それによって数学的な正確さが若干失われたり、数学以外の特徴と混じり合ったりすることはあるとしても。学生が数式をより良く理解できるように3Dプリントの模型を作っているオーストラリアの数学者ヘンリー・セガーマンは、次のように語っています。「数学の言語は、美術の言語と比べてとっつきにくいことが多い。しかし私は、数学的な考え方を表現する絵や立体像を作り、数学言語を美術言語に翻訳しようと試みることができる」。

現代のクリエイティブな才能を持つ人々は、デジタル革命で生まれたさまざまなツールを利用することで、ほんの一握りの専門家しか真に理解しえないような高等数学の概念を視覚化することができます。前にも少し紹介したアメリカの彫刻家ジム・サンボーンは、磁力や核反応や暗号作成といったトピックスを扱った作品を通じて「見えないものを見えるようにする」スペシャリストです。彼の彫刻《クリプトス》は米国ヴァージニア州ラングレーの中央情報局(CIA)本部の敷地内に設置されており、表面にアルファベット2000文字からなる4つの暗号文が刻まれています。そのうち1つの暗号文はいまだに解読されていません。《海岸線》はメリーランド州シルバースプリングにあるアメリカ海洋大気庁(NOAA)の複合施設にあり、内蔵されたタービンと圧縮空気式送風機によって、マサチューセッツ州ウッズホールの大西洋岸に置かれたNOAAのモニタリングステーション近くの波をリアルタイムで小規模に再現しています。

フラクタル――カリフラワーの一種ロマネスコのように部分と全体が相似で、構造と複雑さがあらゆるサイズで無限に生成されるもの――は、芸術家が夢見る華麗で魅惑的なパターンを生み出すことができます。レーザー物理学者から転身して芸術家になったイギリスのトム・ベダードは、3Dデジタルレンダリングでフラクタルパターンのファベルジェ・エッグ〔壮麗な装飾を施したイースターエッグ〕を創造しました。数学の数式はほとんどの人にとっては意味のない記号や操作の連なりにすぎませんが、そんな数式に隠された美をコンピューターの力で目に見える形にするクリエイターが多数現れており、ベダードもそのひとりです。「数式は、空間を効果的に折り畳んだり拡大縮小したり回転させたりひっくり返したりする」とベダードは言います。しかし、芸術的な表現に変換されなければ、そうした華々しい技巧が人々に伝わることはありません。

ある意味で、芸術と数学は「経験」というスペクトルの両端を代表していると言えるでしょう。芸術は主観的・情熱的・感覚的な側の端、数学は何の仮借もなく論理的で知性的な側の端です。その中間にあるのが、両者のつながる場所、つまりほかならぬ私たち――あらゆる可能性に満ちた無限に豊かな現実に目を向ける意識的観察者――なのです。

第6章

虚数を超えた先

虚数とは、聖霊の精妙なる隠れ家——ほとんど存在と非存在の相半ばするものである。

——ゴットフリート・ライプニッツ

ブラジルのアマゾンの奥地に、ピラハ（ピダハン）という全部で200人ほどの部族が暮らしています。彼らは2より大きな数を数えることができません。彼らの言葉で「1」にあたると考えられた単語は実際には「1から4くらい」を指し、「2」にあたると考えられた単語は実際には「それほど多くない」という意味も持っているということです。その他に、「たくさん」をあらわす単語はありますが、「より多い」や「いくつか」や「すべて」を表現する言葉はありません。私たちから見ると、とても不思議です。普通は、2歳になるかならないかくらいの幼児でも3まで数えられますし、それから1年も経てば同じ子供が5かそこらまでは数えられます。そうはいっても、決してピラハ族の知能が低いわけではありません。彼らは狩猟採集民で、数を数える必要がなく、従って数えるという習慣にも縁がないだけです。ピラハ族の人々が、自分たちに数の知識がないことで他の部族との取引の際に騙されやすいのではないか、という懸念を口にしたことから、アメリカの言語学者ダニエル・エヴァレットは彼らに初歩的な計算スキルを教えようと試みました。しかし、8ヵ月の努力もむなしく、10まで数えられるようになったり、1＋1の計算ができるようになったピラハ族はひとりもいませんでした。彼らの文化とそれまでの経験の両方のゆえに、彼らには数の基本を把握するための下地がまったく出来ていなかったのです。

私たちは幼い頃から数に慣れすぎているので、実は数については何ひとつ明らかでないという点を忘れがちです。数は、日常生活の中でよく目にする品物や生物や人々――親が指さして子供に「花」「犬」「目」というふうに教えられるもの――とは違います。数は抽象的で、ピラハ族の例からわかるように、小さいうちから触れていないと把握するのが難しい概念なのです。それでも、理解しやすい数と理解しにくい数というものはあります。たとえば、3歳児でも10以上まで数えられる子はいますが、それらの子も、3よりもはるかに大きな数については真に理解してはいないでしょう。子供たちはもう少し成長すると足し算に出合い、やがて分数の扱い方が登場し、ついには負の数の計算という謎の世界に導かれます。分数や負の数のようなタイプの数は、どれも自明ではありません。日常生活で決して出てこない数や、義務教育では習わない数――いわゆる虚数や、さらにその先の超現実数や超限数――は、言わずもがなです。それらは私たちの多くにとって（ちょうどピラハ族にとっての3や4や5と同様に）理解不能で意味のわからないものかもしれません。けれども数学では有効であり、数の世界にそれらすべての「奇妙な住人」が実在して暮らしているのです。

私たちは学校教育の早い段階で数直線という考え方を習います。0から出発して一方向へ伸びる直線を引き、0から遠いほど大きな数になっていきます。やがて負の数を習うと、0の反対側にも数直線がどこまでも伸びていると教わります。私たちはたちまち整数、正と負の数、ゼロの概念になじみ、心地良く受け入れます。そんな「数」が、すべての人にとって自明ではないことなど、あるのでしょうか？　しかし人類の歴史を振り返ると、誰ひとり数直線など知らずにいた時代の方が圧倒的に長いことがわかります。

数が最初に使われたのがいつかは不明です。鳥や齧歯類（げっしるい）など一部の動物は、

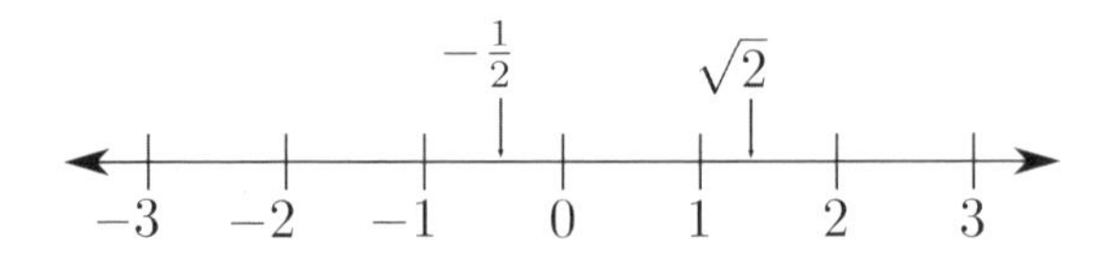

数直線

何かを積み上げた大きい山と小さい山がある時、一瞥(いちべつ)しただけで大小を見分けることができます。これができると、生き延びる上で明らかに有利です。ただ、それと数を数えることとは同じではありません。数を数えるためには、何かが集まっている時にそれぞれの「もの」をひとつずつ順番に数と対応させていき、最後の数がそこにある「もの」の数をあらわすということを、ある程度まで認識しなければなりません。研究の結果、多くの霊長類が生まれながらにこの能力を持っているだけでなく、犬も同じことができると判明しています。動物行動学者のロバート・ヤングとレベッカ・ウェストは、2002年に11匹の雑種犬と犬用おやつを使ってある実験を行いました。それぞれの犬の前のボウルに数個のおやつを入れた後、犬とボウルの間に幕を上げて、犬からはボウルが見えないように隠します。その状態で、人間がおやつをボウルから取り除いたり、逆に足したりする様子を犬に見せます。その際人間は、一部のボウルで、犬に見せたのとは違う個数のおやつをこっそり入れたり抜き取ったりします。それから幕を下げ、犬にボウルを見せます。すると、こっそり個数を変えたボウルの方を、犬が長い時間見つめたのです。犬が「計算と合わない」と認識しているということです。

数字——数をあらわすシンボル——と単純な算術の規則が現れたのは、シュメールをはじめとするメソポタミアの地で最初の文明が興ってからのことです。けれども、人類がそれよりずっと前からタリー・スティック（記録のための棒）の形で何かの数を記録していた（「何の」数だったかは不明ですが）ことを示す証拠が残っています。スワジランドと南アフリカ共和国の国境をなすレボンボ山脈のボーダー洞窟で発見された「レボンボの骨」は、29個の刻み目が付けられたヒヒの腓骨(ひこつ)で、少なくとも4万3000年前のものです。ある説はこれを月の満ち欠けの記録だとして、月経周期と月齢に関連があることから、アフリカの女性が最初の数学者だったと述べています。しかし、骨が途中で折れていて、もともとは30個以上の刻み目があった可能性を否定できないという異議も唱えられています。また、この刻み目は単なる装飾かもしれないという見方もあります。イシャンゴの骨という別の骨器には、より複雑な刻み目が付けられています。この骨はコンゴ民主共和国の東端、ウガンダ国境に近い場所を流れる

イシャンゴの骨

セムリキ川のほとりにあるイシャンゴで発見され、おそらく2万年かそれ以上前の遺物だとされています。刻み目の解釈はやはりさまざまですが、ある説は、刻み目のパターンは文明発祥のはるか以前に驚くほど洗練された数学の知識があったことを示唆していると論じています。やはりヒヒの腓骨であるイシャンゴの骨には、端から端までにわたって3列の刻み目が彫られています。うち2列は、刻み目を全部足すと60個になります。片方の列の刻み目は21個、19個、11個、9個、つまり20＋1、20－1、10＋1、10－1で、10進法と合致します。もうひとつの列には10と20の間にある素数（11、13、17、19）が刻まれています。残る3番目の列は2の掛け算のやりかた（ずっと後に古代エジプト人が採用した方法）を示しているようにも見えます。しかし、単なる偶然の一致か、そうでないのか、なんとも言えません。ただし、前年に発見された別の骨にもやはり刻み目があり、そのパターンは数や記数法の概念を理解していたようにも見えます。

確実に言えるのは、人類が中東で定住し町や都市を築きはじめた紀元前数千年頃には数が必要になっており、彼らは記数法と足し算や引き算のような基本的な計算のやりかたを編み出していたということです。数が必要になったのは、交易が行われて取引の正確な記録を付けることが重要になったからだと考えられます。たとえば、仮に私があなたにヒツジを10頭引き渡すと約束したとします。あなたは、私が9頭しか渡さないといったごまかしをしないよう、数を確認しなければなりません。私たちの多くは、何かが9個あるのか10個あるのかを一瞬で見分けることができませんから、数を数えるための信頼性の高い方法が必要です。自然数1, 2, 3, 4, … に気付き、使えるようになることで、それがはじめて可能になります。けれどもこの段階ではまだ誰も、自然数同士の間や自然数よりも前に何があるのかを考えませんでした。

それよりも前、まだ商業や取引がなかった時代には、自然数は必要ありませんでした。仮に、誰かが10頭か20頭のヒツジを飼っていたとしましょう。正確な数を知っている必要は特になく、大体どのくらいかだけわかっていれば十分でした。自然数が私たちの生活に不可欠な要素になったのは、商取引が重要な意味を持つようになってからです。最初は、粘土製のトークンをブッラと呼ばれる壺に入れて封印していましたが、やがて、数を「しるし」で書くシステムが発達します。その段階ではまだ、数自体と数えられている品物とを切り離して考える発想はありませんでした。つまり、10頭のヒツジ、10頭のウシ、10個のパンという捉え方はあっても、10という数がそれらに共通する“それ自体で独立した概念”であるという考え方はされていなかったということです。「もの」の集まりから切り離された存在としての自然数という概念が発達するには時間がかかりました。しかし、一旦その概念ができあがると、数学にも、私たちのものの考え方にも、大きな影響が及びました。

やがて都市国家が形成され、必ずしも住人全員が生活のために一日中あくせく働かなくてもよくなると、思索にふけり、この世界について教える哲学者や思想家が登場します。ギリシャでは紀元前6世紀にピタゴラスとその弟子たちが台頭し、自然数が宇宙の鍵である——万物はもとをたどれば、自然数という“われわれが見ている現実の背後にある、時間を超越した完璧で抽象的な創造物”から生まれた——という信念を広めました。ピタゴラス教団の人々は、整数のそれぞれが異なるものをあらわしており、自然数同士の関係から万物が生成したと考えました。同じギリシャ人のエウクレイデス（ユークリッド）は大著『原論』を著し、幾何学に大きな足跡を残しただけでなく、自然数に関しても多くの定理を発見しました。なかでも特に有名なのは、無限に多くの素数が存在することの証明です。しかし、現代の子供がものを数える際に教わる範囲を超えた領域が開けたのは、ようやく7世紀になってからでした。

知られている限り、自然数を超えたその先へ最初に踏み出したのはインドの数学者ブラフマグプタです。しかも彼は、同時に2つの異なる“自然数の先”を見つけました。彼は、ゼロを扱う算術の規則を記しただけでなく、負の数の計算も示したのです。ブラフマグプタより前にもそれらの新しい数にうすうす感づいていた人はいたはずですが、それを文書に記したという明白な記録が残っている最古の人物が彼でした。自然数とゼロを合わせると、整数につながる道が見えてきて、ゼロの先にも値が続いているという重大な意味が示されます(第2章参照)。けれども、そこに負の数を合わせると、はるかに壮大な拡張が起こります。なにしろ、負の数を付け加えると、この記数法には始まりの点がないことになります。数直線はどちらの方向にも無限に続きます。

商人や農夫や、その他誰であれ数学を単純な計算のためにしか使っていなかった人たちは、決してゼロや負の数の概念を思いつかなかったことでしょう。「マイナス6頭の馬」なんて聞いた覚えもありませんね。日常生活の中に、マイナスの品物はありません。また、ゼロを足しても引いても数が変わらないのに、なぜわざわざゼロを数として考えるような面倒なことをする必要があるでしょう?　そうした不思議な可能性が“考える価値のあるテーマ”として取り上げられ、それによって数学の地平が拡張されるためには、哲学者や理論家――抽象的思考をする人々――が必要でした。とはいえ、ブラフマグプタは負の数に「借金の額を示す」という非常に実際的な用途があることを指摘しています。もしあなたが誰かに牝牛3頭の借りがあるのに手元に牝牛が1頭もいなければ、あなたは実質的にマイナス3頭の牝牛を持っていることになります!

今の私たちが負の数を不可解だと思わないのは、脳がそれに難なく順応できるくらい早い段階で教えられているからです。また、ひどく寒い時に温度計が「零下」の気温を指しているのを見ることにも慣れています。けれども数学の歴史を眺めれば、ルネサンス時代に入ってもなお、負の数をめぐって議論が戦わされていました。ある問題の解が負の数になった時、その答えはしばしば「偽りの解」と言われていました。数直線上でゼロよりも左側にあるものは、本当に少しずつ社会的地位を獲得してきたのです。

少なくともピタゴラス以降の数学者は、自然数の延長上にある別のタイプの数を受け入れる準備ができていました。もちろんピタゴラス教団は自然数を愛しており、彼らにとって 1, 2, 3, 4, … の完璧さに匹敵するものや、宇宙全体を理解するために自然数以上に重要なものはなにひとつありませんでした。それでも、彼らは有理数——ある整数を別の整数で割った結果——の存在は許しました。ピタゴラスは、有理数それ自体が数だとは考えず、有理数は2つの自然数の関係であると捉えていましたが、だからといって自分の数学の中で使わないということはありませんでした。彼と弟子たちは、すべての数は比率で表現できると信じていました。しかし彼らは間違っていました——悲劇的と言っていいくらいに。

ピタゴラス教団についてこんな逸話が伝わっています（ピタゴラスにはいろいろと奇矯なエピソードがあり、たいていは作り話なので、これもそのひとつかもしれません）。あるとき、ヒッパソスという名の弟子が、2の平方根——2辺の長さが1である直角三角形の長辺の長さ——はどうやっても整数÷整数の形ではあらわせないというショッキングな発見をしました。ヒッパソスはこの言語道断な罪により、溺死させられたというのです。手を下したのは大数学者自身だとも、彼を崇拝する他の弟子（または弟子たち）だとも言われています。

しかし、いかなる理不尽な行動をもってしても、彼らにとっての“理不尽な数”すなわち無理数——整数÷整数の分数であらわせない数——が実際に存在するという事実は否定できませんでした。時とともに無理数は有理数の隣に自らの場所を確保し、完全な数直線の形成に貢献しました。有理数と無理数は、合わせて「実数」と呼ばれます。数学者たちは実数という現実を受け入れ、実数がどういうものかを把握しました。彼らにできなかったのは実数の正式な定義で、これはかなり長い間達成されずに残りました。自然数の定義は容易ですし、自然数を生み出すのも簡単です——1とそれに続く一連の操作（単に、自然数に1を足していく）をすればよいのです。そうすれば、すべての自然数を示すことができます。自然数が定義できれば、それを拡張することで整数が得られます——自然数と、0と、負の自然数を合わせたものが整数です。有理数も難なく作れます。整数を整数で割ればよいからです（ただし割る数が0でないという条件で）。しかし、どうすれば有理数から実数へと飛躍できるでしょう？　この問題を最終的に解決したのは、19世紀のドイツの数学者リヒャルト・デーデキントでした。

デーデキントは、実数を定義するのに、現在「デーデキント切断」として知られている手法を用いました。デーデキント切断とは、単に、有理数の集合を2つの集合に切り分けて、第1の集合のすべての要素が第2の集合のいかなる要素よりも小さくなるようにすることです。たとえば、デーデキント切断で有理数を次のような集合に分けてみましょう。負の有理数xおよび2乗した時に2未満になる有理数xを、第1の集合とします。次に、2乗した時に2より大きな数になる正の数xを第2の集合にします。すると、1, 1.4, 1.41, 1.414, 1.4142はどれも第1の集合の要素（元）であり、2, 1.5, 1.42, 1.415, 1.4143 はすべて第2の集合に属することになります。有理数のみの集合で行ったこのデーデキント切断が、無理数である実数 $\sqrt{2}$ を定義しています。なお、負のxはすべて第1の集合に属し、2乗した時に2より大きくなる負の数（たとえば−2）が第2の集合に含まれることはないというのが制限事項です。切断は、ある決まった方法で小数点以下（または別の記数法）をどんどん細かくしていき、その数に実数を近似させるという考え方に基づいています。そうすれば、有理数の2つの集合を使ってどんな無理数も生み出すことができるというわけです。

さて、これで私たちは実数も含めた数直線（実数直線）を手にし、その気になれば数直線上のどんな数も正しく定義できるようになりました。実数（英語ではreal number）のreal（現実の、実在する）という単語を見ると、「数に関する物語はこれですべて終わり」というふうにも感じられます。SF作家なら、現実には存在しない数——私たちの宇宙とは異なる論理が支配する空想上の宇宙にある数——についての物語に興味を持つかもしれませんが、数学にはunrealな（非現実の、非実在の）数の居場所はありません。問題は、これらの名称が歴史的にそれぞれ別のタイプの数を示すために作られたため、ひどく誤解を招きやすいという点です。実数のうち、有理数（rational）でないものは無理数（irrational）と呼ばれます。オックスフォード英語辞典（OED）でirrationalを引くと、最初の意味は「論理的でも合理的でもない」です。語義の説明を下の方へ辿っていくと、ようやく数学における特殊な意味として、「（数、量、式が）2

つの整数の比であらわせない」が出てきます。OEDはrealについては、最初の語義として「実際に物として存在しているか事実として起きている、想像上や推測上ではない」と書いています。

たしかに、まともな数学者は「想像上や推測上の」数について研究したいとは思わないでしょう。間違いなく18世紀まではそれが多くの数学者の姿勢でした。実数直線上にない数がどこかに存在しているというようなほのめかしをしただけで、魔術と同じくらいとんでもないとみなされました。しかし、$\sqrt{-2}$のような厄介ごとをどう扱うべきかという問題は依然として残っていました。ヒッパソスの早すぎる死の伝説が物語るように、その昔は2の平方根でさえ十分に厄介な議論の種でした。しかし、マイナス2の平方根とは、いったいぜんたいどんなものなのでしょう？　実数の中を捜しても決して見つからないのはたしかです。数学者にできるのは、（負の数がかつてそう扱われたように）そんなものは「偽りの」数だとして無視し、消え去ってくれるよう願うか、その数を受け入れ、数学という囲いの中に居場所を作ってやるかのどちらかでした。

負の実数の平方根を可能にする数の実在を最初に受け入れ、さらにその新奇な数の扱い方の規則を初めて定めたのは、イタリアの数学者ラファエル・ボンベリでした。1572年に出版した著書『*L'Algebra*（代数学）』の中で、ボンベリはヨーロッパ人として初めて、負の数の算術を正しい意味で（たとえば、マイナス掛けるプラスはマイナスになる、というふうに）行う方法を明確に叙述しました。しかしそれ以上に重要だったのは、後に複素数と呼ばれることになる数の研究に乗り出した点でした。彼は、三次方程式（$x^3 = ax + b$）について詳しく研究し、$(\frac{a}{x})^3 > (\frac{b}{x})^2$ の場合、その解が、ある奇妙な性質を持っていることに気付いたのです。この場合に方程式を解く唯一の方法は、実数に負の実数の平方根を足した“何か”の存在を認めることでした。

それから1世紀以上にわたり、「負の実数の平方根」についての言及はほとんど数学専門家の注意を引きませんでした。ボンベリは賢くも、それに名前を付けて余計な嘲笑を招くような真似はしませんでした。それでもやはり、負の実数の平方根などという考え方自体を嘲るために、ほどなく「imaginary number（想像上の数＝虚数）」という侮蔑的な用語が使われるようになります。残念なことにこの名称がそのまま残り、いまだに私たちは $\sqrt{-1}$ を虚数単位と呼び、i という文字〔imaginaryの最初の字〕であらわしています。任意の実数に i を掛けたもの——たとえば $5i$ や πi や $i\sqrt{2}$（$\sqrt{-2}$ と等しい）——は、虚数と呼ばれます（実際は、実数と同じくらい実在性の高い数なのですが）。実数と虚数の和が複素数（complex number）です。ここでも、complex（複雑な、複合的な）という言葉が曲者（くせもの）で、日常生活で出くわす意味での複雑さ、つまり難しいとかこみいっていることと複素数は関係がありません。学校で複素数を習わない人もたくさんいます。けれども著者の片方（デイヴィッド）は、数学の個人レッスンを受けにくる10歳や11歳くらいの生徒たちによく虚数や複素数を紹介し、彼らは難なくそれを把握します。

歴史的に、複素数が登場し、次第に受容されていったのは、いろいろな問題で実数の解を得るための中間ステップとして役に立つとわかったからでした（三次方程式などは、途中に複素数を使うことで簡単に最後の実数解に到達できる場合があるのです）。日常的な数学では虚数や複素数は必要ありません。それどころか負の数だって、知らなくてもたいていの場面では困りません。虚数 i を使って何かを扱うことを考える必要がどこにあるでしょう。私たちの中に、普段の生活で虚数を使う人はほとんどいません。しかし私たちはみな、虚数を知って使っている一部の人たちに頼って暮らしています——というのも、現代の物理学や工学の多くの分野で虚数が決定的に重要な役割を担っているからです。電気工学では虚数が交流電流をあらわす際のひとつの方法として使われています。物理学でも、相対性理論や量子力学といった領域（私たちがこの世界を原子レベルやそれよりも小さな亜原子レベルで理解するための土台）で虚数が不可欠です。このように科学でうまく利用されているのは、複素数がある種の非常に便利な数学的性質を持っているからです。たとえば、多項式からなる方程式（代数方程式）は必ずしも実数の解を持ちません（$x^2+1=0$ のような場合には実数解がありません）が、複素数の解は必ずあります。この事実を最初に証明したのはドイツの数学者カール・ガウスで、1799年のことでした。これは極めて重要な定理なので、「代数学の基本定理」と呼ばれています。

複素数を手にした私たちは、「数学的に可能なこと」という意味で道の果てにたどり着いたように思えます。ところが、実はその道はまだはるか先へと続いているのです。複素数よりも広い別の体系がひとつならず存在し、それらはあまりにも広大なので、理解するためには「抽象代数学」という不思議な世界に足を踏み入れるほかに方法がありません。抽象代数は、自分なりの宇宙を構築するのが好きな人々に特に愛好されています。この領域は深遠で、難解に見えます。しかし、抽象代数学では、広義の集合（ものの集まり）がきちんと定義されます。その集合の中で、ある元を別の元に対応させるさまざまな演算を実行することができるのです。抽象代数学の研究対象のうちの1タイプに、「群(group)」があります。第4章でシンメトリーを取り上げた際にいくつか群の例が出てきたのを覚えているでしょう。別のタイプとして、「環(かん)(ring)」があります。環という語が使われているとはいえ、これは円とはまったく無関係で、集合に2種類の演算を備えた数学的な構造（代数的構造）のことです。環の代表例は、整数からなる集合に＋と×を備えたものです。この2種類の演算は、私たちがよく知っている加法（足し算）と乗法（掛け算）と同じ性質を持っています。もっと正確に言うなら、環において加法は結合的〔結合法則を満たしていること。(1＋2)＋3の結果が、1＋(2＋3)の結果と同じであることなど〕でなければならず、また、単位元と加法に関する逆元が存在していなければなりません。〔単位元と逆元について少し説明しましょう。整数からなる集合の場合、どの元に0を足しても結果は変わりません。0のような特別な集合の元を単位元と呼びます。一方、1に−1を足す、2に−2を足すなどすると単位元の0が得られます。この−1や−2のように、ある元に演算を施した結果として単位元を生じさせるとき、その元の逆元と呼びます。〕環では、乗法もいくつかの条件を満たしている必要があります。自然数は環を形成しません。自然数には加法の単位元も逆元もないからです（0は自然数ではなく、負の数も自然数ではないためです）。けれども、整数は環を形成しています。他の環としては有理数、実数、複素数があり、これ以外にもたくさんの例が挙げられます。

抽象代数学を使えば、新しい数の体系を定義することができます。さらに、環の構造を持っているのか、それとも別のタイプの構造を持っているのかによって、その体系を分類することも可能になります。単に整数を拡大しただけではない環を見つけることができますし、数に関するもっとずっと大きな体系を見つけることも可能です。その一例が、1843年にアイルランドの数学者ウィリアム・ハミルトンが発見した四元数（quaternion）です。複素数は、x軸に実数、y軸に虚数を取ることで、2次元平面上に表示することができます。ハミルトンは、複素数よりも大きな体系を3次元空間で表現できないかと考えました。彼は苦労して研究を重ね、やがて四元数にたどり着きます。ハミルトンは、四元数を4次元空間に存在するものとして説明しました。この着想が降ってきたのは彼がダブリン（アイルランド）のブルーム橋を散歩していた時でした。彼は不意に、-1の平方根は2つ（iと$-i$）だけではなく6つあると気付き、それとともに $i^2=j^2=k^2=ijk=-1$ という式がひらめいたのです。（ちなみに現在の私たちは、実際には -1の平方根が無限に多数あることを知っています！）

四元数は特に引っ張りだこというわけではありませんが、いくつかの用途で有用性が証明されています（といってもほとんどの人にとっては複素数以上に縁がありませんが）。ある四元数が i と j と k にそれぞれ係数を掛けただけの数からなる場合、それは3次元のベクトル（大きさと向きを持つ量）に一致します。実際、四元数はベクトルとスカラー（大きさのみを持つ量）の和としてあらわすことができます（スカラーが複素数の実数部分にあたります）。3次元のベクトルをあらわせることから、四元数は、視野を回転させる力が不可欠な3Dアニメーションやシミュレーションで非常に役に立っています。たとえば、3Dコンピューターゲームは視野の回転に四元数を利用しています。

ハミルトンの発見に触発されて、アイルランドの数学者ジョン・グレイヴスは同じく1843年に別の新しい数の体系を発見し、オクターブ（octave）と名付けました。しかしグレイヴスは論文の執筆に時間をかけすぎて、独自に同じ発見をしたイギリスのアーサー・ケイリーが1845年に一足早く八元数（octonion）と名付けて発表してしまいます。八元数は1と他の7つの値（$e_1, e_2 \cdots e_7$と呼ばれることが多い）に係数を掛けたものの和で表されます。$e_1, e_2, \cdots e_7$は、$e_1{}^2=e_2{}^2=\cdots=e_7{}^2=-1$ という等式を満たします。しかし、2つの異なる八元数を掛ける場合には、はるかに複雑な乗積表が必要になります。普通の人にはあまり知られていない八元数ですが、物理学の最先端である弦理論（ひも理論ともいう）で利用されています。

第6章

虚数を超えた先

ここまで来ても、数の体系で何が可能かの限界――言い換えれば数学者の想像力の限界――にはまだたどり着いていません。というのも、実数直線を、無限大と無限小の両方を含むところまで拡張する方法が発見されているからです。超実数と呼ばれるその体系では、無限に大きな数であるω（オメガ）と無限に小さい数（無限小）であるε（イプシロン）が実数に加えられています。この2つは、$\varepsilon = \frac{1}{\omega}$ という式によって関係付けられています。ωとεに他の数を掛けることもできますから、たとえば$3\omega + \pi - \varepsilon\sqrt{2}$ は超実数です。ω^2 といった超実数もあります。これは、ωにどんな実数を掛けた数よりも大きな数です。ε^2 は、εにどんな実数を掛けた数よりも小さな数です。超実数は足したり引いたり掛けたり割ったりできるので、有理数や実数と同じようにして体（たい）(field)〔乗法について逆元を含む環のことで、加減乗除ができる数学的構造のこと〕を形成します。"ある超実数が別の超実数よりも大きいとはどういう意味か"を定義できるので、超実数を順序づけることが可能で、従って超実数は順序体〔集合のすべての元に対して大小関係がはっきり決められる（aはbより大きく、かつbはaより大きいという不確定な元はない）ような体〕です。体の中には、たとえば複素数の体のように、順序がつけられないものもあります。iが数直線の外にある以上、iが0よりも大きいか小さいかをどうやって知ることができるでしょう？

実数の最も豊かな拡張は第2章で取り上げた超現実数で、無限にたくさん存在する無限大と無限小を含みます。超現実数はデーデキント切断を論理的極限までつきつめて到達した概念です。超現実数は$\{L \mid R\}$という形であらわされます。ここにおいてLとRは、あらかじめ「Lに含まれる元はすべて、Rに含まれるいかなる元よりも小さい」ように作られた超現実数の集合です。新しい超現実数はこの2つの集合の間にあります。それはLのいかなる元よりも大きく、Rのいかなる元よりも小さい数です。

私たちは、想像を絶するほど広大な超現実数の宇宙を、何もないところから苦もなく生み出すことができます。最初のひとつを作るためには、LとRはどちらも空集合（元をひとつも含まない集合）でなければなりません。それによって、最初の超現実数$\{\ \mid\ \}$、つまり0が与えられます。0が得られたら、それをL集合またはR集合に入れることで、別の超現実数を作れます。0に続いて作ら

れる2つの数は、$\{\ |0\}$ である-1と、$\{0|\ \}$ である1です。続いて、$\{1|\ \}$で2が作られ、$\{2|\ \}$で3が，というふうに続きます。$\{0|1\}$ は $\frac{1}{2}$ です。2の累乗を分母とするすべての分数（二進有理数と呼ばれます）は、超現実数の中で有限回数の手順であらわすことができます。けれども、二進有理数だけを含む体系は、それほど強力ではありません。というのも、すべての実数どころか、すべての有理数すらあらわせないからです。ところが、無限回数の手順を認めると、その壁を突破できます。無限に多くの手順を経てひとたびすべての二進有理数が作られたら、すべての実数を生み出すにはあと一歩先へ進むだけで十分です。デーデキントはデーデキント切断を行った際にすべての有理数を使いましたが、実は二進有理数だけを使えば十分だったということが明らかになっています。

この方法で創造される超現実数は実数だけではありません。実は、実数と同時に ε と ω も作れます。ε の場合、Lには0が入り、Rにはそれまでに作られた正の超現実数すべて（すべての二進有理数）が入ります。ω の場合は、Lにそれまでに生成したすべての超現実数を入れれば、ω はそれらすべてより大きな数になります。$-\varepsilon$ と $-\omega$ も定義できますし、あらゆる二進有理数xについて、$x+\varepsilon$ と $x-\varepsilon$ も同様に定義できます。

さらに進んで、他の超現実数を生み出すこともできます。いちど ω が得られれば $\omega-1$ や $\omega+1$ が作れますし、その他の数もいくらでも生成可能です。例を挙げれば、$\pi+\varepsilon$（Lは π、Rは $\pi+1, \pi+\frac{1}{2}, \pi+\frac{1}{4}, \cdots$）のような数や、$\sqrt{\omega}$（$L$は $1, 2, 3, \cdots$ で、Rは $\omega, \frac{\omega}{2}, \frac{\omega}{3}, \frac{\omega}{4}, \cdots$）のような数です。

超現実数はあまりにもたくさんあり、実数はそのうちほんのわずかの部分でしかありません。同様に、超越数はそれ以外の実数よりもはるかに多数あります（ただ、その比率の違いは、超現実数と実数の違いほど想像を絶する落差ではありません）。

超現実数は、存在可能な中で最大の順序体です。超現実数には、すべての実数だけでなく、あらゆる超実数と、果てしなく続く無限大の尽きることなき階層が含まれます。超現実数は頭がおかしくなるほど多数あって、それをすべて格納できるような無限大は存在しません。超現実数の数はあまりに多いので、ひとつのクラス〔集合の集まりである、メタな集合〕を形成しています――超現実数全てを含むような巨大な集合はないのです。

第7章

平面充填
平明にして華麗、そして不可思議

大いに高揚している時には、世界の誰ひとりこんなに美しく貴重なものを生み出したことはないだろうという気分になる。
――M・C・エッシャー

1975年のある日、サンディエゴ（米国カリフォルニア州）に住むマージョリー・ライスは、息子が買った科学誌『サイエンティフィック・アメリカン』の中のある記事に目をとめました。そこには、平面を充填できる（敷き詰めると隙間なく平面を埋めることができる）五角形は8種類しか知られていないと書かれていました。ハイスクールを出て以来数学とは縁がなかったマージョリーですが、別の五角形による平面充填を見つけようと思い立ちます。数年後、彼女は4タイプもの新しい平面充填を発見していました。学術誌で発表するに値するほどの業績です。

平面充填（タイリング）を楽しむのに数学者である必要はありません。タイルを並べて面を埋める行為は文明と同じくらい古くから見られ、美術の世界にはタイリング作品がたくさん――知性と理性で考え出された平面充填の数と同じくらい多数――あります。平面充填の説明自体は簡単です。図形を隙間や重なりなく並べて平面を埋め、無限に反復してどこまでも続けられるパターン、それが平面充填です。面を埋めるためのタイルは陶製でもレンガでもその他の素材でもかまいません。平面充填パターンは古代シュメール文明時代にはすでに建物の壁や床や天井の装飾として存在していました。

「平面充填」「タイリング」「テセレーション」は同じことをあらわす言葉です。テセレーション（tessellation）という語は、ラテン語で「四角い小さな石または

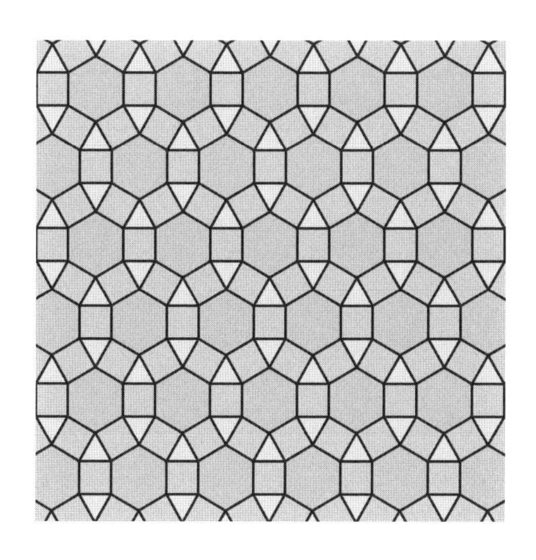

半正平面充塡の一例。2種類以上の正多角形が使われ、
各頂点の周囲には同じ多角形が同じ順序で現れます。

タイル」でできた」という意味をあらわすtessellatus（テッセラトゥス）に由来しますが、現在は四角に限らずどんな形の図形でも隙間なくぴったり並んだパターンについて使われます。平面充塡の多くは、タイル（充塡に使われる図形）が正多角形——長さの等しい直線の辺で構成され、すべての内角が等しい図形——です。同じ大きさの1種類の正多角形だけが使われている場合を正平面充塡（regular tiling）といい、正三角形、正方形、正六角形を使う3つのタイプしかないことがわかっています。平面充塡が可能になるためには、タイルの頂点が出合う部分で、各頂点の角度の合計が360°にならなければなりません。上述の3つの図形でのみ内角（それぞれ60°、90°、120°）を整数倍すると360°になるため正平面充塡が可能なのです。2種類以上の正多角形を使い、どの頂点も同一のパターンになるように配置して充塡を行った場合は、半正平面充塡（semi-regular tiling）といいます〔一様充塡、アルキメデス充塡とも呼ばれます〕。半正平面充塡は全部で8通りが可能です。ただし、正三角形と正六角形を使う例は鏡像になっており、それらを別々と数えれば9通りとも言えます。それ以外の7種類の半正平面充塡のなかには、正方形と三角形を使うものが2種類、正十二角形と正方形と正六角形

ジャイアンツ・コーズウェイの柱状節理

を使うものが1種類含まれています。正多角形以外の形を使ってよければ、平面充塡は多様なパターンがいくらでも可能です。言い換えれば、平面充塡には正多角形だけでなく他のどんな形の図形を使ってもかまわないし、使う図形の辺が直線でなくてもよい、ということです。

自然界での平面充塡で最もおなじみの例は、六角形が規則正しく並ぶ蜂の巣でしょう。もっと大きな六角形での充塡としては、世界のあちこちに玄武岩の柱状節理（溶岩が徐々に冷えて固まる際に収縮してできる柱状の割れ目）があります。北アイルランドのジャイアンツ・コーズウェイやカリフォルニアのデビルズ・ポストパイルが有名です〔日本では兵庫県豊岡市の玄武洞公園が代表的です〕。平面充塡パターンは、バイモ属（貝母）のような一部の花の花びらの模様や、魚・ヘビの鱗などにも見られます。

知られている限り、人工的な平面充塡の歴史が始まったのは紀元前3000年頃かその少し前です。今のイラク南部で興ったシュメール文明の建築物の柱の装飾モザイクが一部残っており、そこには、色の異なる小さな六角形のタイルがジグザグとダイヤ模様のパターンを描くように配置されています。タイルは正六角形なので互いに隙間なく並び、真の平面充塡を形成しています。古代ローマのヴィラ（邸宅）でよく見られるような、人間や動物を含む場面をタイルで描いたモザイク画の大部分はそうではありません。タイルは互いに非常に近接して配置されてはいても間に隙間があるので、数学的な平面充填の定義にはあてはまりません。

イスラム世界では、偶像崇拝禁止という考え方から、生き物や実際の事物を描くことが忌避されています。そのため、建物の装飾は純粋に幾何学的な文様に限られました。そこでイスラムの芸術家たちは、限られた条件を最大限生かし、完璧に組み上げられた複雑かつ装飾的なパターンを生み出したのです。それをいちばん良く示しているのが、スペイン南部のアルハンブラ宮殿です。もともとは889年に小さな城塞として建てられたこの建物は、その後改築や拡張が繰り返された結果、14世紀には壮麗な王宮になっていました。アルハンブラの壁面は、息をのむほどの高度な技術とめくるめく多彩な美しさを誇る、タイリング芸術の最高峰で飾られています。

アルハンブラのタイルのパターンには多角形だけでなく曲線の図形も使われ、さまざまな色のタイルが技術面と芸術面両方の至芸で組み合わされています。平面充填と関連した概念に、壁紙群（あるいは文様(もんよう)群）と呼ばれるものがあります。壁紙群というのは、2次元の繰り返しパターンを、そのパターンが示す対称性に基づいて分類する数学的な方法で、17種類に分けられます。第4章で述べたように、2次元における基本的な対称性の操作は鏡映、回転、並進、映進の4種類だけです。すべての壁紙群は2方向に平行移動する並進操作を含んでいます。そのため、壁紙群に属するどんな平面充填も、無限にかつ周期的に平面全体を覆うことができます〔周期的とは、一定の間隔ごとに繰り返し同じパターンが現れるということです〕。加えて、回転の中心や鏡映の軸、映進の軸といった他のタイプの対称性も持つことがありえます。アルハンブラ宮殿の多種多様なタイル模様には、17種類の壁紙群すべての代表例が含まれているという説が広く流布しています。それに異を唱え、いくつかの壁紙群が欠けていると主張する数学者も一部にいますが、それでも、アルハンブラのタイルの種類の多さは圧倒的な印象を与えます。青年時代の1922年にここを初めて訪れたオランダの画家マウリッツ・エッシャーも、タイル芸術に魅了されたひとりでした。1936年には再訪して比較的長く滞在し、何日間もタイル模様をスケッ

アルハンブラのタイル

チしたりノートを取ったりして、完全に平面充塡の虜になります。彼は後にこう書いています。

> 本当にこれには夢中にさせられる。まったく熱病にかかったようで、時々、もう自分はこれから離れられそうにないと感じる。

彼がアルハンブラで描いたスケッチは、その後の作品のインスピレーションの源になりました。彼は自身が「平面の正則分割」と呼んだものの背後にある数学を深く掘り下げようと、ハンガリー出身の数学者ジョージ・ポリア(ポーヤ・ギョルジ)やドイツの結晶学者フリードリヒ・ハーグが書いた面対称に関する論文を読みました。それらの論文をエッシャーに送ったのは地質学者だった兄ベレントで、結晶構造における対称性の重要さをよく知っていたのでした。エッシャーは自ら17種類の壁紙群に親しみ、独自の幾何学的格子を使って周期的平面充塡を創造しはじめます。彼は多角形ではなく、鳥や魚や爬虫類の入り組んだ形を嵌め合わせたり、さらには天使と悪魔という独創的な組み合わせで平面を埋めることもしました。平面充塡と六角格子に基づいて彼が最も早い時期に描いた作品のひとつが、鉛筆とインクと水彩を用いた《爬虫類による平面の正則分割の研究》(1939) です。格子のすべての頂点で、緑と赤と白の3匹のトカゲの頭が出会い、首から下も正確に隙間なく嵌まりあっています。このデザインは4年後の《爬虫類》という作品でも使われました。

さて、芸術表現としての平面充填はいま見たとおり大昔からありましたが、平面充填の数学的探求が始まったのはほんの数世紀前です。最初にこれに取り組んだ学者のひとりがドイツの天文学者・数学者ヨハネス・ケプラーで、1619年に出版した大著『宇宙の調和』には平面充填についても書かれています。この本の最初の2章で彼は正多角形と半正多角形〈注〉を研究し、そこから、どうすれば正多角形と半正多角形で平面を埋められるかへ考えを進めました。

惑星の運行に関する3つの法則で知られるケプラーが、主に音楽理論と宇宙の動きの関係を考察した『宇宙の調和』の中に平面充填論を入れていることは驚かれるかもしれません。しかし、当時はまだ神秘主義と科学が分離していなかった時代で、ケプラーの考えの中では、天上の完璧さは幾何学図形や音階の中の和音の完璧さにも反映されていなければならなかったのです。彼は蜂の巣や雪の結晶の構造を数学的に探究した最初の人物であり、3種類の正平面充填だけでなく8種類の半正平面充填の形も特定した最初の人物でした。彼は半正平面充填を「完璧な調和」と呼び、正平面充填は「最も完璧な調和」と評しています。

残念なことに、平面充填に関するケプラーの記述内容はあまりに有名な天文学の業績に覆い隠されてしまい、以後何世代もの数学者にほとんど無視されました。その後平面充填というテーマに大きな新展開が見られたのは、ようやく19世紀末になってからです。きっかけは、結晶が取りうるさまざまな形状すべてを分類する必要があるという、差し迫った科学上の課題でした。実際、数学

〈邦訳版注〉半正多角形には、辺の長さはすべて等しいが内角は2つの異なる角度が交互に現れる等辺半正多角形（例えば菱形）と、内角がすべて等しく、辺は2つの異なる長さが交互に現れる等角半正多角形があります。ケプラーが『宇宙の調和』で論じたのは等辺半正多角形です。

における平面充填に次なる大飛躍をもたらしたのは、結晶学と幾何学の両方への並々ならぬ関心を持っていたロシアのイェヴグラフ・フョードロフでした。彼は早くから多胞体に興味を抱いていました。多胞体はポリトープや超多面体とも呼ばれ、どんな次元にも存在できる、平らな面を持った図形です〔2次元における多角形を3次元に拡張したのが多面体であるのと同様に、それをさらに4次元以上の次元に拡張したものが多胞体です〕。彼は『多胞体の基礎』という書物を1885年に出版し、その6年後の1891年に、彼の最も有名な業績である2つの証明を行いました。まず、彼は空間群〔3次元空間に点を規則正しく配置する方法の分類〕が正確に230種類あることを示しました。3次元物体の対称群として可能なのはそれがすべてです。これらの空間群は、たとえば原子が結晶を作りうる場合のそれぞれ独特な配置の取り方を、対称性の性質という点からあらわしています。この発見に加えて、彼は2次元においてはパターンの配置の取り方を17種類にまとめることができると示しました。その17種類が、先に述べた壁紙群です。

さて、ここまでにお話したいろいろな種類の平面充填は、すべて周期的でした。周期的であるとは、単純化して言えば、平面充填のパターンが別々の2方向へ向かって繰り返し続いていくということです（この性質により、壁紙群の17種類が得られます）。ある平面充填が周期的かどうかを見分けるひとつの方法として、等間隔の平行線2組が作る格子を利用する手があります。マス目が平行四辺形になっている格子では、それらの平行四辺形は周期平行四辺形と呼ばれます。平面充填が周期的であれば、その充填パターンの上にこの平行四辺形の格子を重ねて、どの周期平行四辺形も同一のブロックを含むようにするやり方を見つけることができます（この時に周期平行四辺形に含まれる同形のブロックを「基本領域」といいます）。同じ理由で、単一の基本領域を取り出し、そこから出発して、コピー、移動、貼り付けを平面全体で無限に繰り返せば、平面充填を再現できます。

周期平面充填には無限に多くのパターンがあります。また、非周期平面充填も無限に多数あります。非周期平面充填とは、並進対称性を持たない、つまり周期的なパターンを持たない平面充填で、そのため上で述べた格子を重ねる識別方法がうまくいきません。かつて数学者たちは、ある1セットのタイル（図形）で非周期平面充填を作れるなら、同じセットを使って周期平面充填も作れると考えていました。たとえば二等辺三角形は周期平面充填ができますが、放射状に並べて充填することもでき、その場合は極めて秩序だってはいても明らかに非周期的になります。

1961年、中国人論理学者・数学者の王浩（ワンハオ）は、あるタイルのセットで平面を充填できるかできないかを、上手く定義された手順（つまりアルゴリズム）を用いて事前に知ることは常に可能だろうか、と考えました。彼は、各辺を色分けした正方形のタイルに注目しました。隣のタイルと接しあう辺の色が一致するようにその正方形タイルを並べたものは、今では「ワンのドミノ」として知られています。彼は、平面を充填できるタイルのセットはすべて周期充填ができるという仮定に立って、充填の可否を事前に判断できるはずだ、と推測しました。しかし数年後、彼の教え子のひとりロバート・バーガーによって、その推測が間違いであることが示されました。バーガーはワンのドミノを使って、強非周期充填（aperiodic tiling）――周期的（periodic）充填ができず、非周期的（non-periodic）充填はできるようなタイルによる平面充填――の最初の例を発見したのです。この充填は2万種類以上のタイルを使う複雑極まりないもので

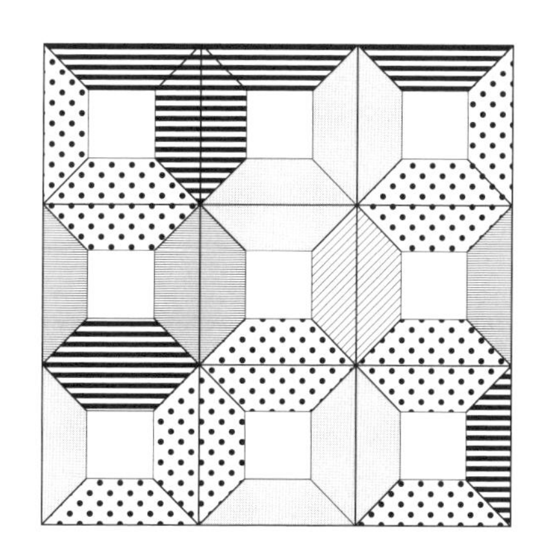

ワンのドミノ。実際のドミノは辺が異なる色で塗り分けられていますが、白黒の本書では色の違いがわかりにくいので、濃淡と模様で表現しています。

した。その後バーガーは、わずか104種類のワンのドミノを使って強非周期充填を行う方法も発見しました。他の研究者たち（計算機科学者でアルゴリズムのスペシャリスト、ドナルド・クヌースを含む）も参戦し、使うドミノの数が少ない例が次々に発表されました。ワンのドミノは、出っ張りやへこみを作ることで多様なバリエーションが可能でしたが、それらもすべて、形としてはほぼ正方形でした。1977年にはアメリカのアマチュア数学者ロバート・アマンが、6種類の正方形タイプのタイルだけを使う強非周期充填を発見しました。ワンのドミノを原型として派生したタイルで、これ以上少ない種類での非周期充填が可能かどうかはわかっていません（無理そうだと見られてはいますが）。

しかし、ワンのドミノとは別のタイプで強非周期充填ができるタイルに目を向けることで、さらなる発展が見られました。この分野を牽引したのは、イギリスの数学者・数理物理学者ロジャー・ペンローズです。ペンローズは一般相対性理論と宇宙論に関する業績が最も有名ですが、1970年代の初めから半ばにかけて、3つのタイプの強非周期充填を発見したことでも知られます。それらの充填は彼にちなんでペンローズ・タイリングと命名されています。P1と呼ばれる第一のタイプは、五角形と他の3つの図形――「ダイヤ」「スター」「ボート」――で構成されています。ダイヤは細い菱形、スターは五芒星形（角

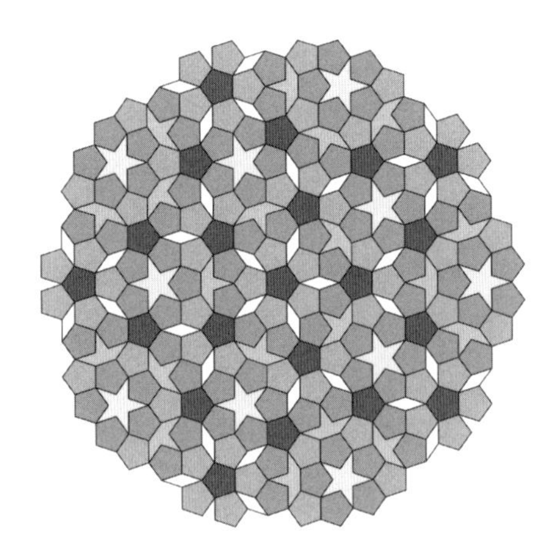

ペンローズのタイリングのP1

が5つ出ている星形)、ボートは五芒星の上側おおむね5分の3にあたる形です。これら4つの形を一定の規則に従って組み合わせると、充填が可能になります(普通、図形は色分けして描かれます)。

残る2つのタイプのペンローズ・タイリングは、2種類のタイルしか使いません。最もよく紹介されて有名なP2は、特別な比率を持つ「カイト(凧)」と「ダート(矢じり)」から成ります。カイトとダートは、1個の菱形の長い方の対角線を $1:\frac{1}{\varphi}$ (φは黄金比)に分割した点と、大きい方の内角を持つ2つの頂点とを結んで、分割したものです。別の見方をすると、カイトは黄金三角形——

ペンローズのタイリングのP2

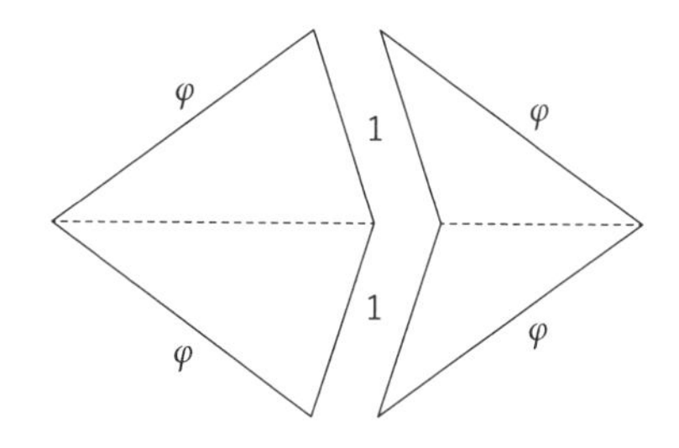

カイト(左)とダート(右)

長い2辺と短い1辺との長さの比が黄金比になっている鋭角二等辺三角形——を2つくっつけたものです。一方ダートは、2つの「黄金グノモン」——長い1辺と短い2辺の長さの比が黄金比になっている鈍角二等辺三角形——からできています。黄金グノモンの鋭角は36°で、黄金三角形の頂点の角度と同じです。

何も装飾をしなければ、カイトとダートで平面を周期充塡できます。その可能性を排除して強非周期充塡図形にするため、ノッチ（切り込み）とタブ（出っ張り）をタイルの端に付けたり、見た目の装飾性が高くなるように色違いの円弧を描き加え、同じ色の弧同士がつながらなければならないルールで並べたりします（前ページの図を参照）。

ペンローズ・タイリングの3番目のタイプであるP3は、鋭角がそれぞれ36°と72°の2種類の菱形で作られています。この2種類の菱形も、周期充塡にならないやり方で配置する必要があります。たとえば、平行四辺形ができる並べ方をしてはいけません。すべてのペンローズ・タイリングに共通する特徴は、局地的に見ると5回対称（回転対称のひとつで、$\frac{360°}{5}$回転させるともとの図形に重なる）になっている点です。ペンローズとジョン・コンウェイはそれぞれ独自に、色を付けた弧が組み合わさって円を形成する時にはその曲線の周囲の領域に必ず

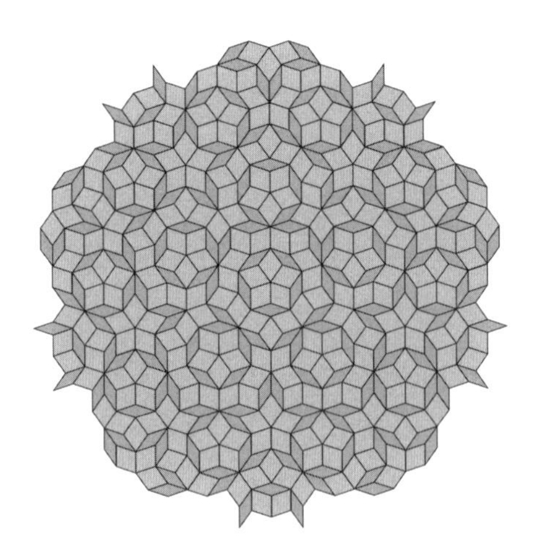

ペンローズ・タイリングのP3。2種類の菱形で構成されています。

五角対称性($\frac{360°}{5}$をなす5本の軸に対して図形を反転させると自らと重なる対称性)が現れることを証明しました。

鋭いビジネス感覚を持つペンローズは、自身の発見について特許を出願し、1979年にそれが認められた後に、ペンローズ・タイリングを世界に向けて発表しました。それに対し、宇宙の自然現象で特許を取る行為は純粋に研究に取り組んでいる人々にとって危険な前例になりうると論じる人々もいれば、これは法律的観点では、少なくとも、数学が発見と発明のどちらなのかに関する哲学的問題と言えると述べる人々もいました。一方、ペンローズは現実に本業以外の空き時間の多くをこの件に費やしており、あらゆる芸術家が作品により対価を得るのと同様、彼の努力も金銭的報酬で報われてしかるべきだという考え方も可能でした。

サー・ロジャー（ペンローズ）は、自身の特許を侵害する者を目ざとく見つけては告発しました。1997年、妻が買ってきたクリネックスのトイレットペーパーを見た彼は、そこに自身が生み出したパターンがエンボス加工されているのにたちまち気づきます。オックスフォードの数学者は、自分のデザインがそのように無礼千万な形で使われていると知って「衝撃と屈辱」に見舞われました。『ウォール・ストリート・ジャーナル』によれば、「彼はいたく気分を害した」とペンローズの弁護士は語ったそうです。ペンローズは、ペンローズ・タイリングのライセンス権を持つヨークシャーのペンタプレックス社とともに、クリネックスブランドの製造元キンバリー・クラーク社を著作権侵害で訴えました。訴訟では、侮辱的なトイレットペーパーの全在庫の廃棄と、被害額を算定するためにキンバリー・クラークが当該商品で得た利益の調査を認めることも要求されました。ペンタプレックスのデイヴィッド・ブラッドリー社長は、次のように語りました。「大企業が小さな会社や個人のことなど一顧だにしない事例は、あちこちで嫌になるほど耳にします。しかし、多国籍企業が英国のナイト（騎士叙任者）の作品と思われるものを無断で使用し、英国民に向かってそれで尻を拭けと言って来たら、われわれとしても最後の抵抗に出るしかありません」。

トイレットペーパーに周期充填パターンではなく強非周期パターンでエンボ

ス模様を付けることに宇宙的な意味があるのかどうかは、誰も知りません。けれどもペンローズ・タイリングには、別の意味ではかり知れぬ魅力があります。まず第一に、実はペンローズ・タイリングは無限にたくさんあります〔P1、P2、P3のそれぞれに、無限に多数の敷き詰め方があります〕。次に、驚くべきことに、すべてのペンローズ・タイリングは互いによく似ている——どのペンローズ・タイリングのどの部分も、他のあらゆるタイリングの中に限りなく頻繁に含まれている——のです。そのため、切り取られた一部分だけを見て、それがどのタイリングから取られたのかを言いあてることは不可能です。サイエンスライターでレクリエーション数学者〔プロアマ問わず、数学パズルや数学ゲームなど楽しみのための数学を研究する人〕のマーティン・ガードナーは、そのことを説明するために、無限に多数あるペンローズ・タイリングのどれか1種類で充填された無限の平面上で暮らすと仮定した場合を想像しました。

> パターンをひとつひとつ検討しながら、どんどん広い範囲を調査していくことはできる。だが、どれだけ広範囲に探索しても、自分がどのタイリングの上にいるのかは断定できない。うんと遠くへ出かけ、離れた場所のパターンを調べても無駄である。なぜなら、すべての場所はひとつの大きな有限の領域に属しており、その大きな領域はあらゆるパターンの中で無限に多くの回数、正確に複製されているのだから。

イギリスの数学者ジョン・コンウェイは、ペンローズのパターンの中で一致する領域に関して注目すべき定理を証明しています。あるペンローズ・タイリングの任意の円形領域の直径を d とします。別のペンローズ・タイリング上の任意の1点を出発点にした時、先ほどの円形領域と全く同じパターンを持つ最も近い領域はどれくらい離れた場所にあるでしょう？　コンウェイは、最も近い同一円形領域の周までの距離は、黄金比の3乗を2で割って d 倍した大きさ（およそ $2.11d$）よりも遠くには絶対にならないことを明らかにしました。同じことは、同一のタイリング上でまったく同じ領域を捜す場合にもあてはまります。ある領域の円周から、同一パターンの円周までの距離が、その領域の直径のおよそ2倍よりも長くなることは決してありません。

純粋な数学的創造物として強非周期タイリングが生み出されたことは驚きをもって迎えられました。しかしそれも、科学者が実世界でそうしたタイリングを見つけたときの衝撃と比べたらものの数にも入りません。それまで、自然界の結晶はすべて2回対称、3回対称、4回対称あるいは6回対称の回転対称性を持ち、結晶の面と劈開(へきかい)面の配置は必ず厳格な規則性を示すと考えられていました〔劈開とは、鉱物がある特定の方向へ向かって割れやすい性質のことです〕。ところが1976年にロジャー・ペンローズがマーティン・ガードナーへの手紙で、「準周期的な（quasi-periodic）」結晶も可能なのではないかと示唆します。ガードナーはその少し前にペンローズに対し、「強非周期的に空間を充填する2種類の菱面体(りょうめんたい)」をロバート・アマンが発見したことを伝えていたのです。ペンローズは、ある種のウイルスが十二面体や二十面体の形をしていること、ウイルスがどのようにその形を取るのかは謎であることを指摘し、次のように付け加えました。

> しかし、アマンの非周期的立体を基本単位にすれば、（結晶学的には）一見不可能に思える“十二面体や二十面体の面に沿った劈開方向”を含む準周期的な結晶に至るのではないか。ウイルスが、非周期的な基本単位を含む何らかのやり方で成長することは可能だろうか？　それともこの考えは突飛すぎるだろうか？

突飛どころか、これは稀に見る見事な予言でした。その後数年のうちに、強非周期格子を基本とした結晶構造が存在するのではないかという見方が研究者の間で強まりました。そして1984年にある発表が学界を揺るがします。イスラエルの材料科学者ダン・シェヒトマンと、彼がサバティカル（本来の職務を離れることのできる研究休暇）を利用して在籍していた米国規格基準局の同僚たちが、急冷したアルミニウム‐マンガン合金の電子顕微鏡写真の中で強非周期構造を発見したのです。一部の化学者が「シェヒトマナイト」とあだ名を付けたその結晶構造の電子顕微鏡写真は、明らかに5回対称性を示しており、ペンローズ・タイリングと類縁性を持つ強非周期的空間充填であることを強く示唆していました。後に「準結晶」の名で知られることになるこの発見により、シェヒトマンは2011年にノーベル化学賞を受賞しています。

とはいっても、準結晶はそれまでの常識からすれば突拍子もないものだったため、実在が広く受け入れられるまでには時間がかかりました。シェヒトマンはこう回想しています。「全世界を敵に回した感じだった。私は馬鹿にされ、結晶学の基礎を教える講義でネタにされた」。彼を最も激しく批判したうちのひとりはノーベル賞を2回受賞したライナス・ポーリングで、「準結晶(quasicrystal)などというものはない、似非（えせ）科学者(quasi-scientist)がいるだけだ」と主張しました。

今では準結晶の存在を疑う人は誰もいません。多様な合金で、異なる組成と対称性を持つ何百種類もの準結晶が見つかっています。最初のうち、生成した準結晶は熱力学的に不安定で、温度が上がると通常の結晶に変わってしまいました。しかし1987年に初めて安定した準結晶が発見され、詳しく研究して将来の工学的応用への道を拓（ひら）くために十分な量のサンプルが得られるようになりました。天然で生成した準結晶の探索も長く続けられました。そして、国際的な科学者チームはついに目的の鉱物を見つけ、イコサヘドラル鉱と名付けました。イコサヘドラル(icosahedral)は「二十面体の」という意味です。$Al_{63}Cu_{24}Fe_{13}$(アルミニウム原子63個、銅原子24個、鉄原子13個)という化学組成を持つこの鉱物は、ロシア極東部に位置するコリャーク山脈の蛇紋岩露頭部分で採取されたサンプルに含まれる小さな粒として発見されました。分析の結果、今から約45億年前、地球が形成されてまだ間もない頃に宇宙から飛来した炭素質コンドライトという種類の隕石に含まれていたことがほぼ確実とされています。発見場所周辺での地理学探査では、同じ隕石に由来するサンプルが他にも発見されており、イコサヘドラル鉱が含まれていた石が地球外に起源を持つことが裏付けられました。なお、これより前の1980年代末に、同タイプのアルミニウム‐銅‐鉄合金の準結晶が、日本で活躍した台湾人金属工学者、蔡安邦（さいあんぼう）によって実験室で作られています。

平面・空間充填に関連しては、数学でも自然界でもまだ未解決の謎が多数残っています。ペンローズ・タイリングの場合、充填に必要なタイルの種類の最小値は現在のところ2です。それを1種類に減らすことは可能でしょうか？この問題の答えは誰も知らず、いまだに解決されずに残っています。

もうひとつ、ドイツの幾何学者ハインリヒ・ヘーシュが1968年に投げ掛けた有名な難問を見てみましょう。「ヘーシュ数」と呼ばれる数があります。ある図形のヘーシュ数は、「図形の周囲をその図形自身のコピーによって（隙間も重なりもなしに）囲むことができる最大のコピー数」であるとして定義されます。三角形、四辺形、正六角形、その他1種類で平面を充填できる図形の場合には、ヘーシュ数は言うまでもなく無限大です。ヘーシュが問うたのは、有限数として可能な最大のヘーシュ数を決定し、ヘーシュ数になることのできる有限数の集合を規定することでした。

この問題は、ヘーシュ数をより正確に定義すると考えやすくなります。平面充填では、あるタイルの「第1のコロナ」（隙間も重なりもなく最初の図形をぐるりと囲む、同じ図形のコピーの層）を、「最初のタイル、およびそれに接する境界点を持つすべてのタイルの集合」とします。第2のコロナは、第1のコロナのいずれかのタイルと点を共有するタイルの集合です。第3のコロナ以下も同様です。ある図形のk番目のコロナが、ひとつ前の図形と隙間も重なりもなくつながる時、kの最大値が「その図形のヘーシュ数」になります。kを満たす有限数として証明された最大の値は長らく3でした。ロバート・アマンが発見した「正六角形の2辺に小さな三角の突出があり、3辺には同じ三角形の切れ込みがある形」が、$k=3$の図形です。けれども2004年に、ワシントン大学ボセル校（米国シアトル市）の数学者ケイシー・マンが、出っ張りと切れ込みを入れたペンタヘックス（六角形を5つ並べた図形）のタイルでヘーシュ数が5であるものからなる、無限に大きな“ファミリー”の存在を証明しました。現在知られている限りでは、この5が最大のヘーシュ数です。ただし、いずれこれより大きなヘーシュ数が見つかるのではないかと考えられています。

ヘーシュ数問題は、他の2つの有名な未解決充填問題と深く関係しているように見えます。その2つとは、「任意の図形について、それを使って充填が可能かどうかを判断できるアルゴリズムは存在するか」と、「単一の図形で、それのみを使うと強非周期的充填だけしかできないものは存在するか」です。強非周期充塡は、既存の充塡アルゴリズムの前に障壁として立ちふさがっているように見えるので、この2つの問題の答えがともにイエスかともにノーとなることはないと考えられます。その一方で、もしもkよりも大きな有限のヘーシュ数が存在しない場合には、ある形のタイルをテストするアルゴリズムの基礎にそのkを据えることができそうです。つまり、そのタイルでの充塡を（k＋1）番目のコロナまで試みればいいのです。もし（k＋1）番目のコロナが作れたら、そのタイルは平面すべてを充塡できることになりますし、もし作れなければ、充塡はできないことになります。

未解決の問題はたくさんあり、新しい問題も次々に提示されていますが、驚異的な新発見もひとつならず発表されています。高次元についての発見もあります。たとえば、1981年にオランダの数学者ニコラース・デ・ブラウンが、5次元空間を無理数の角度で切断した2次元平面に5次元立方体構造を投影することによって、太めと細めの2種類の菱形で構成されるすべてのペンローズ・タイリング（タイプP3）を作ることができる、と証明しました。

難解な5次元の話とは対照的に身近でわかりやすい、それでいて重要性の点では決して劣らない発見もあります。それが、本章の冒頭で触れたマージョリー・ライスの物語です。ハイスクールを出てからはまったく数学教育を受けなかったにもかかわらず、彼女は『サイエンティフィック・アメリカン』1975年7月号に載ったマーティン・ガードナーのコラムに強く心を動かされました。ガードナーの文章には、1968年のある証明に基づいて、平面充塡ができる凸多角形（どの内角も180°未満の多角形）の分類は完了したと書かれていました。ライスは、数学専門家にも見落としはあるかもしれないと考え、キッチンのタイル張りカウンターで図形のスケッチを始めました。ただ、彼女が数学パズルに個人的に取り組んだのは、これが初めてではありませんでした。息子のひとりは、彼女がいつも数や幾何学と関係した面白そうなもの（たとえば黄金比やギザの大ピラミッドの寸法）に興味を持っていたと回想しています。それに、数学の専門教育を受けていなくても、平面充塡問題にのめりこむうえで大きな障害にはなりませんでした。「私は自分なりの表記法を編み出しました」と彼女は述べています。「数ヵ月のうちに、新しいタイプの充塡をひとつ見つけました」。彼女は自分の発見した新しいタイプの五角形タイリングをガードナーに送り、ガードナーはそれを専門家に渡して検証を依頼しました。ライスが自分で工夫した技法は、五角形の角が充填の頂点で出会う際の集まり方の違いに注目していました。この方法で彼女は平面充填ができる新しい凸五角形を全部で4種類発見し、それらの図形を使って、それまで知られていなかったタイプの充填を60通りも発見しました。

ライスは自身の発見について公の場で話すことを固辞し、実の子供たちにすら秘密にしていました（子供たちはやがて、学術誌や一般向け出版物に載ったニュースで母親の発見を知ります）。彼女は晩年の数年間認知症を患い、2017年7月に94歳で他界しました。ちょうどその同じ月に、フランスの数学者ミカエル・ラオが、平面を充填できる凸多面体の分類に関して完全に隙のない決定的証明を発表しました。それにより、平面充填可能な五角形には全部で15のタイプがあり、それ以上は存在しないことが示されました。15タイプのうち4つは、マージョリー・ライスがキッチンで発見したパターンです。彼女の業績は、単に創意工夫と発想の素晴らしさだけでなく、専門的教育を受けていない人が数学の最先端の地平を切り拓くことが可能だと証明した点で、特筆に値します。

第8章

変わり者の数学者たち

数学者の多くは、どこかしらちょっと変わっている。それは創造性と表裏一体なのだ。

——ピーター・デュレン

ジェイムズ・ワデル・アレクサンダー2世は、プリンストン大学ファインホールの3階にある研究室の窓をいつも開けたままにしていました。そうすれば建物の壁をよじ登って窓から入れるからです。トポロジー（位相幾何学）研究者としてずば抜けた存在で、コホモロジーという概念や結び目理論の先駆者であったアレクサンダーは、練達のロッククライマーでもありました。世界広しといえども、トポロジー空間のなかの風変りな図形——アレクサンダーの角付き球面〔第12章参照〕——と、コロラド・ロッキー山脈のトリッキーな氷壁攻略ルート——アレクサンダーズ・チムニー——の両方に名前を残すような人物は、おそらく彼以外にいないでしょう。

同じアメリカの数学者ロナルド・グラハムは、ギネスブックに「数学の証明で使われたことのある最大の数」として掲載されたとてつもない巨大数を発見したことで有名です。リプリーズ・ビリーブ・イット・オア・ノット！〔体験型博物館をはじめとする多様なメディアを通じて奇妙・珍妙なものごとを紹介しているアメリカのフランチャイズ〕でも、世界有数の数論学者であると同時に「高度な技を持つトランポリン愛好家でジャグラー」として取り上げられました。彼は、アメリカ数学会と国際ジャグラー協会の両方で「前会長」の肩書を持つ唯一無二の人物です。

どんな職業にも強烈な個性の持ち主や変わり者はいるものですが、数学界にはとりわけそうした人材が豊富だと感じられます。アレクサンダーやグラハムのように超一流の数学者でありつつまったく別の分野でも才能を発揮している人もいれば、あまりにも数学に没入しすぎて他のことをほとんど顧みず、浮世から遊離して、奇人変人と思われている人もいます。後者の一例が、ロナルド・グラハムの親しい友人だったハンガリーの数学者エルデーシュ・パールです〔ハンガリー人は日本人と同様に、姓を先、名を後に書きます〕。エルデーシュは膨大な数の共著論文を書いたので、グラハムはエルデーシュ数という概念を創ろうと思い立ちました。もしあなたがこれまでに何らかの共著論文を書いたことがあるなら、あなたはかなりの確率でエルデーシュ数を持っていることでしょう。エルデーシュ数は、共著者をたどって何人を経由するとエルデーシュの論文のどれかにたどり着くかを示します。エルデーシュ本人と論文を共著したことのある509人の研究者は、エルデーシュ数が1です。この509人のうちの誰かと共著論文を書いた人は、エルデーシュ数が2になります。エルデーシュ数2の人と共著論文がある人は、エルデーシュ数が3。以下同様です。

生涯を数学に捧げ、それ以外のなにものをも意に介さなかったエルデーシュが残した論文は、なんと1525編です。彼は同じ職場に長くとどまることも決まった自宅を持つこともせず、わずかな身の回り品を使い古した2個のスーツケースに入れて各地を渡り歩きました。収入の大部分は慈善事業に寄付したり、彼自身が何らかの理由でまだ着手していない数学の問題を解いた人に贈る懸賞金にしたりしました。大学から大学へと旅をし、友人の数学者のもとに滞在して面倒を見てもらいながらその人と一緒に研究をする生活を送っていましたが、休みなしにハードな知的作業をするので数日後には相手は疲労困憊（こんぱい）したといいます。生涯最後の数十年間は1日に19時間研究をし、思考を活発に保つためにエスプレッソ、カフェイン錠剤、そしてアンフェタミンを常用していました。彼の薬物使用を心配したグラハムは、1979年にエルデーシュに「薬を1ヵ月断てたら500ドル」という賭けをもちかけました。エルデーシュはその通り薬を止めて500ドルを手にし、こう言ったそうです。「君のおかげで自分が薬物中毒ではないとわかった、しかしこの間研究はまったく進まなかった(…)。君は数学を1ヵ月足止めしたよ」。そして、すぐにベンゼドリン（アンフェタミン剤の商品名）の服用を再開しました。

数学偏愛者の歴史は、少なくともピタゴラスとその弟子たちまで2500年の時をさかのぼれます。ピタゴラス本人について確かなことはあまりよくわかっていません。彼が書いたものがひとつも残っておらず、かわりに彼に関する伝説（中には滑稽なほど突拍子もないものも）が山ほど語られているからです。とはいえ、彼が学派（ないし教団）の指導者であり、秘密主義のその教団は、死後の魂の新たな肉体への転生や、数を最重要とする思想や、さらには「天球の和声（ハーモニー）」（太陽、月、惑星の動きによって生み出される音楽）を信じていたことは、多くの人に受け入れられています。また彼は豆が大嫌いで、弟子たちに、肉（種類を問わず）も豆も食べてはならぬと命じたとされています。ある逸話（おそらくは作り話）では、彼は豆畑に足を踏み入れることすら嫌悪したせいで命を落としたことになっています。命を狙う者たちに襲撃されて家から逃げ出したピタゴラスは、走った末に豆畑に行きあたりました。彼は豆畑を横切るくらいなら死んだ方がましだと言い、そこへ追いついた襲撃者が、望み通りに彼の喉を掻き切ったということです。

同じくらい悲劇的で、もう少し詳しく伝わっている物語が、1832年のエヴァリスト・ガロアの事件です。フランスの若き天才的数学者であったガロアは、10代ですでに数学の問題を苦もなく暗算で解いていましたが、解答に至る過程を省いて結果だけを書いたことで数学教師たちを苛立たせ、低い成績を付けられました。しかしそれも彼が独自の研究をする妨げにはならず、彼は数編の論文をまとめました。それらは彼の死後に出版され、その中で彼は、五次方程式の解を探し求める過程を通じて群論の基礎を築いています。

事態がガロアにとって悪い方に転がり出したのは1829年でした。まず、父親が自殺しました。また、ガロア青年は熱心な共和党員で、歯に衣着せぬ物言いや血気盛んな行動をしたため、政治活動によって何度か投獄されました（もっとも、彼は牢の中でも数学の研究を続けていました）。2度目の入牢から釈放されて間もなく、女性がらみと思われる問題で決闘をせざるをえない状況に追い込まれます。ただしその詳しい事情はわかっておらず、政敵による罠だった可能性も取り沙汰されています。いずれにせよ、ガロアは決闘で腹部に銃弾を受け、翌日に20歳で世を去りました。決闘の前夜、自らの死を確信した彼は、自分の最も重要な数学的考察のうちいくつかを大急ぎで手紙に書き記しました。14年後にその書き付けと未発表の数編の論文が、超越数の発見者ジョゼフ・リウヴィルに見い出されます。リウヴィルは、それまで知られていなかったガロアの論文が天才の仕事であることに気付き、世界に向けて紹介しました。

ガロアの大きな強みは、他者よりも先へ飛躍して、中間段階にとどまることなくどんどん数学の新しい領域に分け入る能力を持っていたことです。けれども彼は時代の先を行きすぎていたうえ、証明が厳密性を欠いていたため、同時代の人々には胡散臭い目で見られました。彼の貢献の大きさが完全に理解されたのはずっと後になってからでした。

ガロアと同じような——ひょっとするともっと極端な——例が、やはり早世した数学者シュリニヴァーサ・ラマヌジャンです。謎と神秘に包まれた数学者という点でラマヌジャンに並ぶ者はいません。ラマヌジャンは、インドでの青年時代にほとんど独学で数学を身につけました。彼はまるで何もないところから数学の発想を取り出すかのようでした。彼自身は、ヒンドゥーの創造の女神ナーマギリからの贈り物として夢の中で公式や定理を得たと説明しています。答が、完全に出来上がった形で彼のもとにやってくるのだと。以下は、彼が書いたあるエピソードです。

> 眠っている時に不思議な体験をした。まるで流れる血でできたような赤い幕が広がっていた。私はそれを見つめていた。突然、手が現れて幕の上に書きはじめた。私は注意を集中した。手は楕円積分に関するたくさんの答を書いていった。それらは私の心に焼きついた。目が覚めるなり、私はそれらを書きとめた。

マドラス（現チェンナイ）で事務員として勤めていたラマヌジャンは、仕事以外の時間に数学の研究に打ち込み、数論において重要な新発見をしたり、西洋の数学者たちが何世紀もかけて到達した成果を、そうとは知らぬまま独力で“再発見”したりしました。既知の結論に達した時でも、彼はしばしばまったく独自の方法を使い、純粋な直観としか思えない経路でその結論を得ています。

彼はイギリスの著名な数学者数人に自分の発見を知ってもらおうと手紙を送ったものの、いずれも無視されました。しかし、1913年初めにラマヌジャンからの手紙を受け取ったケンブリッジ大学のG・H・ハーディだけは違いました。インドの青年が書いてきた公式のいくつかは既知でしたが、それ以外はハーディにとって「ほとんど信じがたく思えた」のです。なかでも連分数にに関するラマヌジャンの定理は「およそ少しでもこれに似たものをかつて一度も見たことがない」ものでしたが、彼はそれが正しいと感じました。「なぜなら、もしこれらがインチキだとして、そんなものを捏造する想像力を持つ人間などいるはずがない」という理由で。

コルカタ（インド）のビルラ産業技術博物館の庭にあるシュリニヴァーサ・ラマヌジャンの胸像。

$$1+\cfrac{1}{2+\cfrac{1}{2+\cfrac{1}{2}}}$$

連分数の例

ハーディはラマヌジャンに、ケンブリッジに来て、自分や同僚で盟友のジョン・リトルウッドと一緒に研究をするよう誘いました。しかし、ラマヌジャンにとってそれは簡単な決断ではありませんでした。家族と、親が選んで結婚した13歳の妻と、慣れ親しんだ生活様式を後に残し、さらにカースト制におけるバラモンという階級を捨てなければならなかったからです（バラモンは海を渡ることがタブーでした）。ラマヌジャンの母は最初は強硬に反対しましたが、3ヵ月後に態度を軟化させました。彼女によれば、夢にナーマギリ女神が現れて、息子の邪魔をしないようにと告げたそうです。そしてついにラマヌジャンは、たまたまインドに滞在していたケンブリッジ大の別の数学者と一緒に、客船ネヴァーサ号に乗り込みました——それまでの歳月で書きためた数学上の発見が綺羅星(きらぼし)のようにびっしりと並ぶノートをスーツケースに詰めこんで。

イングランドでの生活はラマヌジャンにとって楽ではありませんでした。寒くじめじめした気候、なじみのない文化、そのうえ彼は英語もさほど上手く話せませんでした。バラモンの戒律に従った厳格な菜食主義を守ろうとした彼は、食事を全部自炊しなければなりませんでした。必ずしも毎日きちんと食事をとらず、しかも1914年に始まった第1次世界大戦によって、必要な野菜類が手に入りにくくなりました。彼は栄養不良に陥ります。渡英して良かったのは、ハーディがラマヌジャンにとってすばらしい教師であり、彼の数学知識の空白部分を埋めるというかなりの難題に取り組む際に、自信を失わせたり、彼本来の自由な思考を妨げたりしなかったことでした。ハーディは次のように回想しています。

> 彼の知識の欠落ぶりは、彼の持つ知識の深遠さと同じくらい驚くべきものだった。(…)このような人物に対して、体系的な指示に従わせ、数学を最初から学び直させることは不可能だった。一方で、彼が知らぬままでいてはいけない内容が存在した。(…)そこで私は彼の教育を試みなければならなかったし、ある程度までそれは成功した。ただし、明らかに、彼が私から学んだことより、私が彼から学んだことの方がはるかに多い。

新しい環境への適応に大きな困難があったにもかかわらず、3年近くの間ラマヌジャンは学問的に大きな業績を上げました。彼はハーディと共同で一連の重要な論文を発表しました(彼の証明を修正し論文に仕上げるためには、ハーディの力が不可欠でした)。映画監督のマシュー・ブラウンはハーディとラマヌジャンの関係に魅了され、2015年に彼らを描いた映画『奇蹟がくれた数式』を発表しています。

> 彼らふたりは根本からまったく別種の人間だった。ラマヌジャンはマド

ラスから来たバラモン階級のインド人で、正規の数学教育は受けておらず、神の御心を表現したものでないのなら公式は無意味だと信じていた。それに対しハーディは、誉れ高きケンブリッジ大学トリニティ・カレッジで尊敬を集める教授であり、無神論者を自認していた。この映画は、ふたりがどのように違いを乗り越えて数学史上最も偉大な協力関係のひとつを築いたかを描く、信じがたい物語である。

悲しいかな、彼らの共同作業は長くは続きませんでした。1917年の春にラマヌジャンはひどく体調を崩し、イギリスを去るまでの間サナトリウムへの入退院を繰り返します（結核だったのではないかと言われています）。そして、1919年にインドへの船旅に耐えられる程度まで回復すると、帰国しました。故郷の気候や食べ物が健康を取り戻す助けになると期待されたのですが、翌年、数学的能力の全盛期に32歳で世を去りました。

ラマヌジャンが残したノートはおよそ秩序立った整理がなされていないものの、極めて魅力的で、今もなお研究者たちがその中で新しい宝物を探しています。彼が最後に手掛けていた内容のなかに、モックテータ関数（擬テータ関数）と呼ばれるテーマがありました。この関数は、80年以上も後になって、ブラックホールや弦理論（ひも理論）の物理学で重要な役割を果たすことが明らかになりました。他の内容についても、研究者たちはいったいどうやってラマヌジャンがその結論に達したのかを理解しようとしたり、そもそもその内容が正しいのかどうかを解明しようと奮闘しています。

インドの天才が見せつけた類例を見ない才能は、直観の本質と数学の本質の両方に関する興味深い疑問を投げかけます。理詰めよりも勘に導かれて数学をしていた人物に、どうしてあれほど深遠な発見が可能だったのでしょう？　ラマヌジャンが同時代の誰よりもはるかに優れた数学的洞察力を持っていたのは、彼のどこが特別だったのでしょう？　彼の頭脳が抜群に優秀だったことに異議を唱える者はいないでしょう。ハーディの指導を受けて彼が急速な進歩を見せたことがそれを証明しています。純粋な直観力のみにすべてを帰することはできません。しかし、もしかしたら彼の宗教的信仰心――数に関する公式や真理は、夢の中で神から与えられる神聖な贈り物だという信念――が、数学の真髄に直接触れることのできる開かれた心を生んだようにも思えます。

アイルランドのウィリアム・ローワン・ハミルトンも、しばしば天啓のひらめきによって同時代よりもずっと先に進んだ発見をした数学者です。彼は物理学のいくつかの領域でも大きな業績を残しました。彼の最大の慧眼のひとつは、複素数を実数のペアとして扱い、それによって当時まだ残っていた「虚数（2乗するとマイナス1になる数）への偏見」を切り崩したことです。第6章でも見たように、このアプローチを平面から3次元空間へ拡張した際に、彼は特殊な4つ組の数の概念を思い付き「四元数（しげんすう）」と名付けました。四元数は今や3次元空間での回転を表記するのに役立っています。ハミルトンがこの着想を得たのは、1843年のある日、ダブリンのロイヤル運河にかかるブルーム橋の上にいた時のことでした。彼はこう回想しています。

> 四元数は、四元数の数だけ存在する親たち――たとえば幾何学、代数学、形而上学、詩学など――の奇妙な子孫として生まれた。（…）私が四元数の性質と目的について述べた最も明確な発言として、サー・ジョン・ハーシェルに宛てて書いたソネット〔14行詩〕の中の2行を超えるものはない。すなわち、「時間たる1と空間たる3が、記号の鎖の中にいかに囲い込まれるか」。

ハミルトンは詩人をもって自任していました。文学的関心を通じてサミュエル・テイラー・コールリッジやウィリアム・ワーズワースと親交を結び、彼ら同様、当時流行していたロマン派様式で詩を書きました（詩の出来ばえは彼らに遠く及びませんでした）。ワーズワースはハミルトンを励ましたいと思いつつも、ハミルトンが詩に費やす時間が多すぎることを懸念して、君の真の才能は数学と科学にある、と穏やかに助言しました。

ハミルトンは古典的な変人で、世間がイメージする「いつも上の空で浮世離れした教授」そのものでした。陽気で人当りがよく極端に礼儀正しいにもかかわらず、約束の時間には遅れてばかりでしたし、難しい主題の話だろうが自分なら平凡な聞き手にもわかるように説明できると思い込んでいました。しかし実際のところ、講師としての彼の評判はあまり芳しくありませんでした。しょっちゅう講義のテーマからはずれて、たまたまその時頭に浮かんだあれやこれやの方に話が飛んでしまうからです。数学と物理学の世界に秩序を持ち込む方法を理論化する天才であった彼は、研究に没頭するあまり、しばしば実務的なものごとを置き去りにしました。彼の研究室は散らかり放題で、紙片であふれかえっていて、まるででたらめに積んだり撒き散らしたりしてあるかのように見えました。ところが、その乱雑な部屋を誰かがいじって少しでも物の位置を変えると、ハミルトンは必ず気付きました。晩年は自分自身にも周囲にもますます無頓着になりました。研究中は食事をとらないことも多く、E・T・ベルの『数学をつくった人びと』によれば「手をつけられぬまま干からびたリブ付きチョップの残骸が乗った無数のディナー皿と、大家族に給仕できるほど多数の食器が、紙の山に埋もれて」いるのが死後に見つかったといいます。

詩作からうかがえるように、ハミルトンは根っこの部分ではどうしようもないほどのロマンチストでした。女性たちは紳士的にふるまう彼をチャーミングだと感じましたし、知性の高さは魅力的だったでしょう。けれども彼の私生活は必ずしも幸せではありませんでした。彼は、1824年にアイルランドのミーズ州を訪れた際に知り合ったキャサリン・ディズニーという女性に真剣に恋をします。彼はキャサリンを一途に想い、キャサリンも彼に夢中になりました。しかし当時の彼はまだ学生でした。キャサリンの両親は娘が金もなく将来も定かではない男と結婚することを許さず、代わりに15歳年上で裕福な法律家一家の出であるウィリアム・

ウィリアム・ハミルトン

バーロウ牧師に嫁がせました。ハミルトンは取り乱し打ちひしがれて、一時期は自殺を考えたほどでした。彼はあふれる思いを詩にして吐き出します。彼の詩の多くは失った愛について歌っています。

1833年にハミルトンはヘレン・ベイリーと結婚し、2男1女をもうけますが、決して幸せな結婚生活ではありませんでした。ヘレンは神経の不調に悩まされて半病人になり、ハミルトンはハミルトンでキャサリンへの思いを引きずり続けて鬱症状に苦しみ、酒に走ります。そうこうするうちにキャサリンと彼の間で密かに文通が始まりましたが、キャサリンの夫が疑いを抱きます。キャサリンは文通について夫に告白し、アヘンチンキを飲んで自殺を図りました。5年後、キャサリンの病状が悪化します。実家で療養していた彼女のもとにハミルトンが見舞いに訪れ、自著『四元数講義』を1部渡し、ふたりはついに口づけをしました。彼女はその2週間後に帰らぬ人となりました。悲しみに打ちのめされたハミルトンはそれ以後彼女の肖像画を肌身離さず持ち続け、誰彼構わず彼女の話をして聞かせるようになりました。数学の研究は続け、四元数について新たな本も書きましたが、自分の健康や安全をまったく気にしないセルフネグレクトは悪化していき、1865年9月2日に暴飲暴食による痛風発作を起こした後、世を去りました。

偉大な思想家や先見者がしばしばそうであるように、ハミルトンの場合も、業績のいくつかは後の世代の学者によって初めてその価値を十全に認められました。四元数は今ではコンピューターグラフィックスやロボット工学その他、空間内での回転を扱う技術や科学の分野で生かされています。彼のもうひとつの大発見は、亜原子粒子〔原子よりも小さい粒子〕を扱う理論の中で活用されています。ハミルトンはニュートンの運動法則を書き換えて、ハミルトニアン（ハミルトン関数）と呼ばれるものを含む新しい強力な形式を生み出しました。これは、ひとつの系に関係するすべての粒子の運動エネルギーの総量と粒子の位置エネルギーを合わせたものです。ドイツの数学者フェリックス・クラインは、このハミルトニアンとハミルトン＝ヤコビ方程式（波と粒子に関する方程式）が量子力学という新しい分野に適しているのではないかと考えました。クラインの示唆を受けてオーストリアの物理学者エルヴィン・シュレーディンガーがその可能性を追究し、自身の波動力学の中心にハミルトンの業績を取り入れました。

高等数学は難解で、それはどうしようもありません。数学で新しい地平への扉を開くこと――特にそれまで誰も考えなかったまったく新しい領域をまるごと開拓すること――は、それ以上に困難です。おそらく、人間が挑戦しうる最大の知的難関でしょう。最高の知性の持ち主であっても、作業の膨大さと、複雑で抽象的な細部に集中する必要性による重圧を受けます。天才と狂気は紙一重とよく言われますが、偉大な数学者がいつ"壊れる"のか、そして彼らが壊れるのは研究内容のせいなのか、心の問題なのか、彼らの生活を取り巻くその他の環境のせいなのかは、必ずしもはっきりしません。

イギリスの数学者・計算機科学者のアラン・チューリングが人生の終わり近くに精神不調をきたしたのは、仕事のストレスのせいだと言われることがあります。しかし、当時チューリングは同性愛を糾弾されていました(その頃のイギリスでは同性愛は違法でした)。コンピューティングと人工知能の中心的な開拓者であり、ナチスの暗号を解読して第2次世界大戦の終結を早めたにもかかわらず、彼は1952年に「わいせつ行為」(同性愛)で逮捕されました。有罪判決を受け、刑務所に入るか化学的去勢(ホルモン注射)を受けるかの選択を強いられた彼は、後者を選びます。2年後、自宅で青酸中毒により死亡しているのが発見されました。自殺(公式の審問結果)だったのか、実験中に青酸ガスを誤って吸った事故だったのかは、今もはっきりしません。

悲劇の最期を迎えたもうひとりの研究者に、オーストリアの理論物理学者・数学者ルートヴィヒ・ボルツマンがいます。彼の死は、彼の理論を否定する学者たちに叩かれたせいだとも言われています(真実は誰にもわかりませんが)。同じ理論を独自に構築したアメリカのウィラード・ギブズと並んで統計力学の創始者として知られるボルツマンは、躁状態と鬱状態の間で気分が極端に大きく振れる人でした。現在なら双極性障害と診断されるであろう状態です。また、自説を他人がどう思うかをひどく気にかけていたらしく、批判されることに耐えられませんでした。彼が1894年にウィーン大学の理論物理学教授に就任した翌年、エルンスト・マッハが同じ大学の科学史科学哲学の教授としてやって来ました。ボルツマンとマッハは科学の基本原理をめぐって衝突します。ボルツマンは物質のふるまいは原子同士の無数の衝突によって最もうまく説明できると論じ、マッハは原子の存在すら頑強に否定しました。この学問的な対立に加えて、ふたりは個人的にも犬猿の仲でした。

ウィーンでの不和に疲れたボルツマンは1900年にライプツィヒ大学からの招聘に応じ、物理化学者ヴィルヘルム・オストヴァルトの同僚になりました。不幸にも、オストヴァルトはボルツマンの理論に対してはマッハ以上の反対者であることが明らかになります（ただし個人的な関係はそこまでひどくありませんでした）。当時は量子力学の黎明期で、ボルツマンは決して孤独な戦いをしていたわけではなく、科学の世界の少数派ですらありませんでした。それどころか、物質が原子から成るという説に抵抗していた著名研究者は、ほぼオストヴァルトとマッハだけだったくらいです。それでも繊細なボルツマンは自分の研究への攻撃に耐えられる精神的なタフさを持っておらず、鬱状態の時に自殺を企てました。その時は未遂で済んだのですが、夏休みでトリエステに近いドゥイーノ湾に滞在していた1906年9月5日、妻と娘が泳ぎに行っている間に首を吊りました。健康の衰え、鬱に陥りがちなこと、他者との哲学的な意見の相違、あるいはそれらの組み合わせが原因で最後の一歩を踏み出してしまったとされますが、彼自身は自殺の理由を何も書き残していません。

ドイツの数学者ゲオルク・カントールも、――ボルツマン以上に――自説に山ほどの批判を受けました。加えて、彼の最大の業績となる「無限」という研究領域の精神的プレッシャーもあったことでしょう。カントールはベルリン大学で、カール・ヴァイエルシュトラースやレオポルト・クローネッカーといった当時の大学者から数学を学びます。その後の研究で無限について考えるようになり、無限を単なる抽象概念ではなく新しい種類の数――すなわち「超限数」――として捉えました。さらに彼は、無限にはさまざまな大きさがあることに気付きます。彼はすべての実数の集合はすべての自然数の集合よりも大きいことを示し、かつ（頭がこんがらがるような話ですが）、短い数直線の上には、無限に続く数直線や平面やその他の多次元空間と同じだけの点が存在することを証明しました。彼のこの証明を読んだ同国人で友人のリヒャルト・デーデキントは「理解はできる、しかし信じられない」と言いました。当時カントールを支持したのは、デーデキントと、後にはスウェーデンの数学者ヨースタ・ミッタク＝レフラーなど数少ない研究者だけでした。それに対し、著名な数人の数学者がカントールの無限に関する考え方に強く反対します。しかもそれは理論面での批判にとどまりませんでした。フランスの主導的理論家アンリ・ポアンカレは、カントールの無限集合理論が将来の世代によって「克服された病」とみなされるに違いないと信じていました。個人的なレベルでカントールに最大の痛手を与えたのは、かつての師であるクローネッカーからの攻撃でした。クローネッカーはカントールの考え方を嘲り、論文発表を妨害し、名誉あるベルリン大学の教授職への就任を阻止したうえ、「科学のペテン師」だの、異端の説で「若者を腐敗させる男」とまで罵ったのです。また、一部の神学者も激怒しました。無限を数学的に扱える概念として捉えるカントールのやり方は神の無限の力という考えに逆らうものだ、という理由からです。彼らはカントールを汎神論者とまで呼んで糾弾しました。敬虔なルター派信者だったカントールはそれを全面的に否認しました。実際彼は、無限に関する自分の発想は神から与えられたと主張しています。

1884年、39歳のカントールに双極性障害の最初の数回の症状（躁と鬱の交互出現）が現れました。同時代の学者からの否定的反応は、仮に発病の原因ではなかったとしても、病状を悪化させるに十分でした。その間にも彼は数学の論文や著書を発表していましたが、次第に他の分野の思索と理論化へとシフトしていきました。彼は無限の探求を哲学や神学と結びつけることに没頭し、それに費やす時間をどんどん増やします。彼が異端の考えへ向かったもうひとつの現れとして、ベーコン学説（シェイクスピアの作とされている戯曲の真の作者は哲学者フランシス・ベーコンであるとする説）を長々と擁護したことが挙げられます。また、架空の師弟の対話を創作し、その中で師にアリマタヤのヨセフがイエスの実父であると主張させたりもしました。

晩年のカントールは鬱と戦いながらサナトリウムに入ったり出たりして過ごしました。最後の数年は、貧困と健康状態の悪化と精神的な落ち込みにさいなまれた悲惨なものでした。しかしそれでも、自分の著作の汚名がすすがれ、ダーフィット・ヒルベルトやバートランド・ラッセルのような学者が彼の業績に最大限の称賛を送ってくれるのを生きて目にすることができました。ヒルベルトはカントールによる集合論の発展や無限の探求について、「数学の天才が生み出した最高の業績であり、人類の純粋に知的な活動による至高の到達点のひとつ」とみなしました。

もうひとり、同様の賛辞に値する数学の巨人がいます。ある意味で彼は数学者の中で最もエキセントリックな人物でした。それがオーストリア出身のアメリカの論理学者、クルト・ゲーデルです。彼は1931年に発表した2つの定理で数学世界に激震をもたらしました。ゲーデルの「不完全性定理」は、実用に足るだけの大きさと豊かさを持つ数学の系は、いかなる系であっても、その内部に証明も反証もできない問題を必ず含む、ということを明らかにしました。もう少しわかりやすく言い換えましょう。大部分の数学者は、理論的に構築された“理論宇宙”(たとえば、ツェルメロ＝フレンケルの公理系と呼ばれるものに基づく系)の中で大半の考察を行いますが、その理論宇宙には、内部にあるいかなる規則や手順を用いても決して解くことのできない問題が必ず存在する、とゲーデルは証明したのです。

ゲーデルはどんな時も普通とは少し違っていました。少年時代は、尽きせぬ好奇心で「なぜ」を知りたがったため、「なぜなぜさん(Herr Warum)」と呼ばれていました。身体が弱く、子供の時にリウマチ熱にかかってからは、自分の心臓に死ぬまで治らない障害が生じたと確信していました。ゲーデルが30歳だった1936年に、彼が所属していたウィーンの哲学者グループの創設者で論理学者のモーリッツ・シュリックがナチスを支持する学生に殺害される事件が起こります。衝撃で精神の安定を失ったゲーデルは数ヵ月間サナトリウムに入り、それ以来次第に被害妄想が強まりました。たとえば、彼はつねに自分が誰かに毒殺されることを心配していました。

1940年、彼はドイツ軍の徴兵を避けるために妻のアデーレとともにウィーンから米国のプリンストン大学に移ります。プリンストン高等研究所ではアルベルト・アインシュタインと親交を結びました。彼らの知的な絆は非常に深く、後にアインシュタインは、(ゲーデルが来た頃には)自分は老いを感じはじめて

「自身の研究はもはや大したことはない」と思っており、「ただゲーデルと一緒に帰るという特権を享受するために（…）高等研究所へ行っていた」と述懐したということです。ゲーデルもカントールと同様、年とともに次第に哲学的思索に向かい、難解な様相論理の記号を使って神の実在を形式的に論証するまでになります。

病的なほど毒殺を恐れていたゲーデルは、妻が調理した食事にしか手を付けず、しかも少量食べるだけでした。1977年暮れに妻アデーレが6ヵ月の入院生活に入ると、その時点ですでに痩せ細っていたゲーデルは何も口にしなくなります。1978年1月14日に栄養失調で命が尽きた時、彼の体重はわずか65ポンド（29.5 kg）でした。

さて、また別の意味で特筆すべき、史上稀なる変わり種の数学者がいます。"彼"は個人ではなく、集合体——ある数学者集団の共同ペンネーム——でした。「ニコラ・ブルバキ」は、1930年代にフランスの優秀な数学者たちがストラスブールで結成したクラブが論文発表の際に用いた名前で、ナポレオン軍の将軍だったシャルル・ブルバキの姓を借用したとされます。彼らが秘密の会合を開いた目的は、第1次世界大戦で一世代ぶんの若い才能の多くが失われた空白を乗り越え、大学の講義内容と教科書を作り直すことでした。1934年にこの構想を立てたのはストラスブール大学のアンドレ・ヴェイユとアンリ・カルタンというふたりの講師です。当初彼らは、自分たちが使っている時代遅れの標準的教科書に代わる新しい解析学教科書を作ることを目標に据えました。まもなく、10人の数学者がこのプロジェクトのために定期的に会合を開くようになりました。業績を共有物とし、個々の参加者の名前を出さないことは早い段階で決まり、グループ全体のペンネームとしてニコラ・ブルバキが採用されます。

その後の歳月でブルバキのメンバーは入れ替わり、最初の構成員の何人かが抜けて新しい人々が加わります。やがて新規加入と引退（50歳で強制引退）は通常のプロセスになりました。グループには、外部の人間から見れば風変りな——奇妙とさえ思える——規則と手順がありました。たとえば、作成中の本の草稿を検討して改訂する会合の際には、誰でも言いたい時に自分の意見をいくらでも大きな声で表明してよい決まりでした。そのため、同じ時に数人の著名な数学者が立って声をめいっぱい張り上げ、モノローグを語っていることが珍しくありませんでした。そんな喧噪の中から、極めて——衒学的で無味乾燥なまでに——厳密な著作が生まれたのです。ブルバキは幾何学にも、何らかの数学的対象を視覚化する試みにも関心がありませんでしたし、数学は科学から距離を置くべきだと信じていました。しかし、退屈で冗長になりがちであったとはいえ、ブルバキは目的を——現代数学において疑問の余地のない内容を書いた本を作ることを——達成しました。

実在しなかった偉大な数学者の死が発表されたのは1968年でした。“彼”は生前に2度、アメリカ数学会への加入を申し込んでいます。しかし、当時の数学会事務局長ジョン・クラインの対応は冷淡でした。

> このフランス人たちは本当に度を越している。彼らはこれまでに、ニコラ・ブルバキが血肉を持った人間であるという証拠を両手に余るほど繰り出してきた。彼は論文を書き、電報を打ち、誕生日があり、風邪を引き、グリーティングを送っている。そして彼らは、今度はわれわれを作り話に参加させようとしている。

あらゆる学問のなかで最も“変わった”分野である数学の進歩には、ユーモアと悲劇と失策と輝ける栄光が不思議な形で混じりあって付随しています。数学は実に奇妙ですが、数学の発展の道のりの中でそれぞれに役割を演じたあまたの個性的な登場人物たちは、数学の物語に一層の魅力と輝きを与えていると言えるでしょう。

第9章

量子の世界

量子力学を理解している人間なんてひとりもいないと言っていいと思う。
――リチャード・ファインマン

極端に微小な世界――量子世界――における物理学を把握するのに、常識や日常的な理解力はあまり役に立ちません。量子力学と呼ばれる物理学の一分野は、まったくもって直観に反しています。ところが、量子力学は数学によって完璧かつ正確に説明されています。興味深いことに、そこで使われる数学のいくつかは量子力学が現れるよりもずっと昔に生み出され、当時はそれに実際的な使い道があるなどとは誰も思いませんでした。ハンガリー系アメリカ人の理論物理学者ユージン・ウィグナーのいう「自然科学における数学の不合理な有効性」のひとつの例と言えるでしょう。しかし、量子力学は逆に数学における画期的な発見のきっかけになり、ひいては「量子数学」というまったく新しい領域の土台が形成されました。

19世紀末、物理学に根底的な革命が起こる兆しはほとんどありませんでした。それどころかほとんどの科学者は、この宇宙のしくみを説明するために必要な理論はすべて出揃っていて、あとはところどころの“詰めが甘い部分”さえどうにかすればいいだけだ、と考えていました。ニュートンの運動の法則とマクスウェルの電磁気学方程式が、物質とエネルギーのふるまいを説明する最終的な結論だとみなされていたのです。機械と技術革新を愛好したヴィクトリア朝末期の人々にとって、自然界は巨大な時計仕掛けのカラクリで、予測可能な形で刻々と動いているものでした。時間をかけて間近で観察すれば自然のどんな細部も知ることができる、そこには人間にとって不可知なことは何もない――そう彼らは信じていました。

古典物理学の壁に最初のヒビが入ったのは、理論物理学者たちが物体の温度上昇による放射量の変化を説明しようと努力していた1900年のことでした。かなり正確な日時までわかっています――10月7日のティータイム頃。その時、ベルリンの自宅にいた42歳のマックス・プランクの頭に、黒体放射と呼ばれる現象の実験結果と正確に一致する公式がひらめいたのです。

マックス・プランク

黒体とは、外部から受け取る放射（可視光線、赤外線、紫外線、その他あらゆる形の電磁放射）をすべて吸収し、そのエネルギーを周囲に再放射する物体です。自然界には完全な黒体はありませんが、実験室では、小さな穴のあいた高温の空洞を作ることで黒体に極めて近いふるまいを再現できます。そうした装置での実験により、黒体から出る放射の量は、周波数が低い（波長が長い）領域では周波数が上がるにつれてゆっくりと増加し、次いで急激に上昇してピークに達し、その後高周波数（短波長）領域では上昇時ほど急ではない角度で下降することがわかっていました。黒体の温度が上がるに従い、ピークの位置は高周波数の方向へ移動します。たとえば、人間にとって温かい程度の温度の黒体は（肉眼では見えない）赤外線部分の放射が最も強く、可視光線の部分はほとんど真っ暗ですが、数千度の高温の黒体はエネルギーの多くを可視光線として放射します。研究者たちは、完全な黒体もそのようにふるまうと知っていました。なぜなら、実験室で「完全な黒体にほぼ近い装置」で得られたデータがそう告げているからです。行き詰まったのは、すべての周波数域について実験結果の曲線と一致する値を導く公式を、既知の物理学に基づいて見つけようとした時でした。

1896年にベルリンの物理工学院（PTR）で研究していたヴィルヘルム・ヴィー

ンが、それまでに得られた実験データとよく合う公式を編み出した時には、ものごとはうまく進んでいるように見えました。唯一の問題点は、「ヴィーンの法則」には確固たる理論基盤がないことでした。彼の法則は、観測結果に合うように作られただけだったのです。マックス・プランクは、その理論基盤を物理学の基本法則のひとつ、熱力学第二法則から導き出す作業を始めました。熱力学第二法則は、ある系の乱雑さの度合いをあらわす「エントロピー」と関係しています。1899年、プランクは「成功した」と思いました。黒体放射が黒体の表面にある無数の微小な振動子（たとえていえば、極小サイズのアンテナのようなもの）によって生み出されると考えることで、彼はそれらの振動子のエントロピーを数学的に表現する方法を見つけました。そこからヴィーンの法則を導き出すことができます。

しかしその後に、大いなる厄災がやって来ました——古典物理学の偉大なる体系にとっての大厄災が。PTRでのヴィーンの同僚であるオットー・ルンマー、エルンスト・プリングスハイム、フェルディナント・クールバウム、ハインリヒ・ルーベンスが一連の実験を慎重に行ったところ、ヴィーンの公式が揺らいだのです。1900年の秋には、低周波数領域（遠赤外線とそれより周波数の低い部分）ではヴィーンの法則が成り立たないことが明らかになっていました。運命の10月7日、ルーベンスが妻とともにプランクの家を訪れ、必然的に最新の実験結果が話題に上ります。ルーベンスはプランクに、この"ヴィーンの法則についての悪いニュース"を伝えました。

客人が帰った後、プランクは問題の核心がどこにあるのか考えはじめました。スペクトルの高周波数領域でヴィーンの法則がうまく機能するように見える以上、黒体の公式がその高周波数側の端で数学的にどのように表現されるべきかを彼は理解していました。そして、新しい実験結果から、黒体が低周波数領域でどうふるまっていると思われるかも知りました。そこで彼は、それらの関係を可能な限り単純な形で結びつけようと考えました。プランク自身が「幸運な直観」と述懐しているように、彼に訪れたひらめきは推測の域を出ないものでしたが、完全に正しいことが明らかになります。プランクはティータイムから夕食までの間に黒体放射のエネルギーと周波数の関係をあらわす公式を摑み取りました。彼はその晩それを葉書に書いてルーベンスに知らせ、次いで10月19日にドイツ物理学会の会合で世界に向けて発表しました。

たちまち彼の公式は画期的な大発見として称賛の的になりました。しかしプランクはとても几帳面な性格で科学に厳密さを求める人だったため、正しい方程式を手に入れただけでは満足しませんでした。彼は自分の公式が、思いつきに毛が生えた程度の根拠しか持たないことを理解していたのです。かつてヴィーンの法則に対して行ったのと同様に、自身の公式を論理的、体系的に一から組み立てる必要がありました。その時から、プランク自ら「生涯で最も苦闘した数週間」と回想する時期が始まります。

任意の量のエネルギーが一揃いの黒体振動子に伝わる際には、さまざまな拡がり方があります。プランクが立てた目標に達するためには、それらをすべて足し合わせる必要がありました。彼が大いなる洞察力を発揮したのは、まさにこの時です。彼は、公式が正しく機能するためには黒体エネルギーの総量を分割して小さな断片にしなければならないとする着想を得て、その断片を「エネルギー要素(energy element)」と名付けました。そして、1900年末までに、エネルギーは切れ目なく連続して伝播するのではなく、それ以上分割できない微小なかたまりとして伝わるという、それまでの常識を覆す前提に立った新しい放射の法則を土台から構築します。12月14日にドイツ物理学会に提出した論文で、彼はエネルギーが「完全に定まった数の有限な部分から成る」とし、自然界の新しい定数として、およそ6.7×10^{-27}エルグ秒という極めて小さい値であるhを提唱しました。現在プランク定数と呼ばれているこの定数は、特定のエネルギー要素の大きさと、その要素と結びついた振動子の周波数の関係をあらわしています。

このとき物理学に、尋常ならざる新しいことが起こりました――それをすぐに理解した人は誰もいなかったとしても。史上初めて、エネルギーは連続した値を取らないと説く人間が現れたのです。エネルギーは、それまでのあらゆる科学者が深く考えずに前提としていたような“どこまでも小さくなれる量”としてやりとりされることはできず、“それ以上小さく分けられない断片”として立ち現れる、ということです。プランクは、エネルギーも物質と同様に、無限に小さく分けることはできないと示しました。エネルギーはつねに微小なひとかたまり、すなわち「量子」としてやりとりされます。これによって、型破りな聖像破壊者プランクは、私たちが自然を見る際の見方に大変革をもたらすきっかけを作ったのでした。

これほどの発見ならたちまち物理学界にセンセーションを巻き起こしたに違いないと思う人もいるでしょうが、実際は違いました。1900年には、原子の存在を受け入れない物理学者さえまだ一部に残っていたくらいです。原子の存在を認めている大部分の学者にとっても、原子の内部で電子がどのように分布しているのかや、元素ごとのスペクトルの違いはどこから生まれるのかといった未解決の問題が山積みでした。プランクのアイディアが一夜にして革命を起こすことはありませんでした。しかし次第に支持者が増え、やがて前期量子論として知られるようになります。この理論で、特定のエネルギーの値（およびその他いくつかの物理量）のみが存在しうるという事実が古典物理学に追加されました。

1911年にニュージーランドの物理学者アーネスト・ラザフォードが、原子の構造について衝撃的な発見をします。その2年前にマンチェスター大学のラザフォードの同僚、ハンス・ガイガーとアーネスト・マースデンが驚きの事実を見出していました。アルファ粒子を金箔に当てたところ、アルファ粒子の一部が跳ね返って、ほぼもと来た経路を戻ったのです。ラザフォードはこれを「まるで、15インチ砲弾を薄葉紙に当てたら跳ね返って自分に当たったようなもの」と形容しました。彼の結論は、「原子の質量のほとんどは微小な核に集中しており、原子と核のサイズの比率は、フットボールスタジアムとその中央に置いたビー玉くらいである」というものでした。核よりずっと軽い電子は、核のかなり外側にある——そう彼は考えました。地球という惑星や人間やピアノやその他あらゆるものを作っている原子は、ほとんどが空っぽの空間で構成されているというのです。これには誰もが驚愕しました。

ラザフォードは、太陽系をミニチュアにしたような原子の模式図を描きました。原子核が太陽の位置にあり、電子が惑星のようにまわりを回っている絵です。しかしこのモデルは明らかに何かが間違っていました。古典物理学では、加速する電荷はエネルギーを放射します。曲線を描いて運動するものは何であれ、つねに進行方向を変えているので加速しています。もしも負の電荷を持つ電子が原子核の周囲を回っているのなら、なぜ電子はエネルギーをすみやかに放射して核へ向かって落ち込んでいかないのでしょう？　もしラザフォードのモデルが正しく、加えて電子が古典的な電磁気学の規則に従っているなら、宇宙のすべての原子は瞬きする間に内側へ向かって潰れてしまうはずです。しかし私たちはちゃんと存在しているのですから、このモデルには間違いなく何かが欠けていました。

1913年に、やはりマンチェスター大学のラザフォード研究室に所属していたデンマークの物理学者ニールス・ボーアが、エネルギーの量子化というプランクの考え方を原子モデルに導入します。どのようなタイプの原子の内部でも、電子はしかるべく定義された特定のエネルギー状態でしか存在できない、と彼は論じました。電子がそれらの“決まったエネルギー状態”（エネルギー準位）のいずれかにある時にはエネルギーは放射されず、あるエネルギー準位から別の準位に移る時に、光子（光の粒子）の放出あるいは吸収によって、特定の量のエネルギーを失ったり得たりするとしたのです。ボーアは、水素原子の電子が異なるエネルギー準位の間で移動する際の光子の放出または吸収が、水素のスペクトルに特徴的な線を生み出すことも示しました。水素原子に関するボーアの理論は前期量子論に引導を渡し、ここに量子力学として知られる学問分野が開かれます。

ニールス・ボーア（手前）とアルベルト・アインシュタイン

第1次世界大戦で研究の発展にはブレーキがかかり、何百万もの戦争犠牲者にまじって若く優秀な数学者や物理学者が命を落としました。しかし戦後は画期的な発見が急速に進みます。特に活発だったのは、ニールス・ボーアの理論物理学研究所（コペンハーゲン）とゲッティンゲン大学（北ドイツ）です。1923年初めまでに、物理学者は説明のつかない現象に関する新しいデータを山ほど手にしていました——たとえばヘリウム原子のスペクトルについてや、磁場の中でスペクトル線が分裂することについて。ゲッティンゲンの中心人物は円熟の物理学教授マックス・ボルンと若きヴェルナー・ハイゼンベルクで、ふたりとも、ボルンの言葉を借りれば「原子の知られざる力学を実験結果から蒸留する試みに取り組んで」いました。ボルンとハイゼンベルクは、エネルギーや位置や速度といった物理量を説明する、それまでとは劇的に違う新たな考え方を創ろうとしていました。彼らのアイディアをひとつにまとめあげる偉大なひらめきがハイゼンベルクに訪れたのは、北海のヘルゴラント島で療養していた1925年春のことです。彼は後にこう書いています。

> 私は自分の計算が指し示しているような量子力学の数学的な首尾一貫性と整合性をもはや疑うことはできなかった。最初、私はびっくり仰天した。私は原子的な現象の表面越しに奇妙に美しい内部を眺めているような感じを覚えた。自然が私の眼前にかくも惜し気もなく繰り広げてくれたこの豊かな数学的構造を今から探索しなければならないと思うと、目まいがするほどであった。〔訳文はS・チャンドラセカール『真理と美』豊田彰訳（みすず書房）による。〕

同年夏の終わりには、ハイゼンベルクとボルン、それにゲッティンゲンでハイゼンベルクの同僚だったパスクアル・ヨルダンは、一貫性のある量子力学理論を完成させていました。「行列力学」として知られるこの理論は極めて数学的で、あまりに数学的すぎたためこれを正しく理解できた物理学者はわずかしかいなかったとされます。学生時代からのハイゼンベルクの友人ヴォルフガング・パウリは「ゲッティンゲンの形式的学識の洪水」と揶揄（やゆ）しました。しかし、彼らの理論の正しさはじきに認められます。

第9章

量子の世界

コペンハーゲンとゲッティンゲンでの研究と並行して、フランスの物理学者ルイ・ド・ブロイが1922年にある論文を発表し、光は波と粒子の流れのどちらのふるまいもすることができる、ただし同時に両方の形をとることはできない、という説を提示しました。彼は、光は通常は波としてふるまっているものの粒子の形をとることもでき、だとすれば電子のように微小な粒子も波に似た性質を持てるのではないか、と論じました。「粒子と波動の二重性」というこの概念を波動力学という厳密な理論として完成させたのが、オーストリアの物理学者エルヴィン・シュレーディンガーです。プランクが量子仮説で物理学を新しい方向へ導いてからわずか四半世紀たらずで、一見したところ対立関係にある2種類の量子力学が登場したわけです。どちらが正しいのかという激しい議論が少しの間続きます。シュレーディンガーは行列力学について「嫌悪感とまではいかないにしても、げんなりする」と評しました。一方、ハイゼンベルクはパウリへの手紙で「シュレーディンガー理論の物理学的な部分を考えれば考えるほど、忌まわしさが増す。シュレーディンガーが可視化について書いていることはほとんど意味がない」と述べています。しかし、この議論は間もなく決着しました。1926年に、量子力学のふたつの考え方――波動力学と行列力学――は、見た目は大きく異なるにもかかわらず実は等価である、ということをシュレーディンガー本人が証明し、アメリカの物理学者カール・エッカートも独自に同じ結論に到達したのです。亜原子世界の数学には、その後も多くの発展がもたらされています。その立役者は、たとえばポール・ディラック（特殊相対性理論を量子力学と組み合わせ、反物質の存在を予言）や、リチャード・ファインマン（量子のふるまいに関する「経路積分」の提唱が有名）といった理論家たちでした。

ハイゼンベルクが導入した決定的に重要な原理が、不確定性原理です。不確定性原理は、量子の不思議な領域がどれほど異質かを明らかにしました。この原理が示しているのは、1個の粒子に関係する2つの量、すなわち位置と運動量、あるいは時間とエネルギーを、同時に正確に知ることはできない、ということです。どの場合でも不確定性は$\frac{h}{2\pi}$以上になります（hはプランク定数）。これには深遠な意味があります――すなわち、自然は、私たちが粒子の状態について知りうることに根本的な制限を設けているということです。たとえば、電子の位置をより正確に測定しようとすればするほど、電子の運動量の不確かさが大きくなります。これは測定装置の精度や技術のレベルとは無関係です。不確定性原理は、私たちの周囲のありとあらゆるもの（私たち自身を作っている原子も含めて）が本来的に持つ曖昧さによってもたらされます。大きなスケールで見れば、ものごとは明白・明瞭のように見えます。けれども世界の根本のレベルでは、物質性が雲散霧消して、私たちの手が届くのは数学的な観点による事象の確率論的記述だけになってしまうのです。

物理的な現実と、その現実の数学的な基本構造の間の関係が何にも増してあらわになる場所、それが量子の領域です。最も微小なスケールでは、物質は実体を失ったように見えます。電子のような粒子は溶けて波に――それも物理的な波ですらなく可能性の波に――化けてしまいます。「量子レベルでは、モノは観察されるまでは（そして、もし観察されずにいたら）どの程度まで物理的に存在しているのか？」という質問が意味を持つようになります。測定や意図的な介入によって観測の場に引き出されるまでは、πのように何か抽象的・観念論的な状態で――可能性の国に――存在しているのでしょうか？　人間が決して直接体験できない極微小な領域では、数学だけが私たちの道しるべです。それに、物質とエネルギーそれ自体の性質は不確定で捉えどころがありませんが、数学は正確であり、物質とエネルギーのふるまいを支配している方程式は極めて厳密です。

昔も今も多くの数学者や科学者が、自然界を説明する際の数学の有効性や、物理的プロセスの根底にある方程式の美しさを語っています。特に量子力学の数学は、何かが起きている可能性を予測する精度のレベルが際立っています。そこで算出される数字は、あらゆる科学の中でもっとも正確な予測です。なかには、小数第12位までの精度という、地球と月の距離を測って誤差が髪の毛1本の幅しかないのと同じ正確性を持つものもあります。まるで、より微小なスケールへと降りていくにつれて、数学と物質性の役割が逆転するかのようです。日常の世界では、具体的な物質を見たり触ったりできます。私たちはそれらの物質を認識し、その物理的状態や物理的条件を思い通りの精度で測定できます。もちろん日常世界の背景にも数学はつねに存在していますが、惑星の運行や鳥の飛翔や石の落下を律する見えざる基礎構造をなしているだけです。ところが、原子や亜原子レベルの物質の粒状性が視野にはいってくると、数学と物質が立場を交換するように見えるのです。粒子は溶けて可能性の波になります。そして、常識が通用せず実在とは何を意味するかについての私たちの理解そのものに疑問符が付く世界では、そこで起きている奇妙な事象を細部まで精緻に司る方程式だけが、唯一確実なものになります。

量子世界の規則があまりにも異質で予想外なので、数学者たちはそこに胸躍る機会を見出しています。量子力学は、新たな数学を発展させる豊かな土壌を提供しています。はたして、奇妙で独特な量子世界の論理構造がひとたび完全に把握されたら、それは数学にまったく新しい分野を創るための土台となるでしょうか？　プリンストン高等研究所所長を務めるオランダの数学者ロベルト・ダイクラーフは、量子力学の中で最も好奇心をそそる側面のひとつが生み出した究極の領域は「量子数学」だろうと考えています。運動する物体が決まった経路をたどる古典物理学とは違い、量子力学では粒子がある点から別の点へ移動する際に、まるで、通ることのできるすべての経路を同時に通っているように見えます。この奇妙な“経路の広がり”に関する数学は、粒子がいずれかの経路を通る可能性がどれくらいかを計算し、その結果をそれぞれの経路に割り振り、すべての選択肢を合計して、確率分布を求めます。最も“ありそうな”経路（ただし必ずしもそこを通るとは限らない）は、古典的なニュートン物理学で与えられる解です。ダイクラーフは、この「経路積分」アプローチは、「圏論」と呼ばれる現代数学の一分野との間に共通性が多いことを指摘しています。数学における「圏（category）」とは、共通の代数的性質によって関連づけられる対象の集まりです。圏には、集合、環（第6章参照）、そしてもう少し知名度の低い“要素の集まり”が含まれ、それらすべての関係は矢印で示すことができます。量子力学の経路積分モデルと圏論の共通点は、全体的（ホリスティック）で俯瞰的な視点です。そこでは、個別のもの（要素や粒子）ではなく、“可能なこと”の総体が重要です。

数学が物理学に有益な作用をした例は数多くありますが、逆に物理学が数学

弦理論で「カラビ＝ヤウ・5次超曲面の2次元スライス」として知られる図形。10次元弦理論に隠された6つの次元〔10の次元のうち、1次元、2次元、3次元の3つの空間と時間1つ以外の6つ〕を巻きつけたものの、ひとつの候補。

に新たな展開をもたらすこともあります。その鮮烈な見本が、「カラビ＝ヤウ空間」として知られる難解な幾何学の主題です。これらの空間を頭の中で想像しようとするのは無駄なあがきです。カラビ＝ヤウ空間は6次元に存在し、アインシュタインの一般相対性理論（重力を説明するための、現時点では最良の理論）の方程式の解として現れるのですから。カラビ＝ヤウ空間はまた、素粒子物理学の主要未解決問題のいくつかと大きく関係する「弦理論」でも中核的な役割を果たします。弦理論は、私たちの周囲の空間が4次元以上であると考えた時にのみ成立します。カラビ＝ヤウ空間は、弦理論で必要とされる“3次元を超える余分な次元”（あまりに小さすぎて私たちには検知できない）を巻きあげる（別の言い方をするなら、コンパクト化する）ための便利な方法を提供するのです。

数学者がカラビ＝ヤウ空間を分類する際には、単純に言えば、（円筒にゴムバンドを巻きつけるようにして）その空間の周りにいくつの曲面を巻きつけることができるかを基準にします。しかしその曲面の数を割り出すのは恐ろしく困難です。最も シンプルなカラビ＝ヤウ空間である「5次超曲面」では、空間に適合する1次元曲面（=曲線）の数は2,875であることがわかっています。ドイツの数学者ヘルマン・シューベルトがこのことを発見したのは1870年代でしたが、2次元曲面の数が609,250であると確定したのはそれから1世紀近く経った後でした。次いで、3次元曲面がいくつかを算出するよう、弦理論研究者のグループが同僚の数学者たちを焚きつけました。一方、物理学者たちは純粋な幾何学ではなく経路積分を用いて、3次元曲面に限らずいかなる次元の曲面の数をも計算できる独自の解法を編み出しました。ロベルト・ダイクラーフは「ひとつの弦は、可能なあらゆる次元の、可能なあらゆる曲面を同時に探索すると考えることができる。従ってそれは超高効率の『量子計算機』である」と指摘しています。イギリスの物理学者・数学者フィリップ・キャンデラスが率いる弦理論研究者のグループは、3次元曲面の数が317,206,375であると計算しました。これは、幾何学者たちが複雑なコンピュータープログラムを走らせて算出した数とまったく異なっていました。弦理論研究者側は、自分たちが開発した一般的公式に絶対の自信を持っていたので、数学者のプログラムには何らかのエラーが紛れ込んでいるはずだと指摘しました。まさにその通りで、幾何学者たちが検証したところ、間違いが見つかりました。

物理学者が数学者に「君たちの計算は間違っている」と告げる——それは科学の世界では前代未聞に近い出来事でした。ほとんどの場合は、その逆（数学が物理学に教える）なのです。この劇的な逆転は、弦理論という新しい物理学理論——量子力学の一部門——に、それまで知られていなかった科学の領域に光を当てるだけでなく、数学にも未開拓の新しい分野をもたらす可能性があることを明らかにしました。

これとはまた別の驚くべき展開として、量子力学の最も基本的な公式であるシュレーディンガー方程式がゲーム理論で極めて有用であることが判明しています。ゲーム理論は数学の一分野で、プレーヤーが目的達成のため（たとえば生き残るチャンスを大きくするためや、より大きな利益を得るためや、実際のゲームで勝つため）にどのような戦略を選ぶかを扱います。多数のプレーヤーがゲームに参加する場合に研究者がしばしば組み立てるシナリオには、平均場（へいきんば）と呼ばれるアプローチが使われます。このシナリオでは、参加しているプレーヤーすべてをひとつの集団と考え、最善の結果に到達しようとする彼らの行動の組み合わせの平均を求めます。近年、ゲーム理論家は、量子力学者がこれまで1世紀近くシュレーディンガー方程式を扱ってきたのとよく似た形で、この平均場法を実行できることに気が付きました。

パリ＝サクレー大学のイゴール・スウィシスキと同僚たちは、魚の群れがどのようにふるまうかを例として用いて、特定のクラスの平均場ゲームを研究していました。数百〜数千匹の魚の群れの中では、1匹1匹の魚がどう動くかを考えることなど不可能です。この問題に取り組むひとつの方法は、魚群の中のさまざまな場所における魚の平均密度をもとにして数値シミュレーションを行うことです。しかしこの方法では、魚がどうしてそのような行動を取るかのメカニズムが考慮されていません。より本質を捉えられるアプローチは、「個々の魚がコスト関数と呼ばれる関数を最小値にするように泳ぐ」と仮定する方法です。コスト関数は、たとえば魚が使うエネルギーと、捕食者を惑わせるために群れで泳ぐことによって生き残れる可能性がどれだけ優勢になるかを計算に入れます。そこから導かれる平均場ゲーム方程式は、シュレーディンガー方程式によく似ていることがわかりました。そしてそのゲーム方程式を解くと、数値シミュレーションの結果と合う答えが出てくるのです。

量子物理学は今後、数学の多くの領域に新しい光をもたらすかもしれません。しかしながら、数学全体を司っているのと同じ原理のゆえに、量子物理学にも限界があります。1930年代にオーストリア生まれの論理学者クルト・ゲーデルは不完全性定理の発見によって数学の世界を揺るがしました。不完全性定理は、数学のいかなる系にも、その系自体の内部からは真であると証明できない命題が存在することを示しました。しかし、物理学者が科学の世界において不完全性定理が成立する例を発見したのは、ようやく2015年になってからです。

国際的な研究チームが、ある半導体物質を冷却すると超伝導物質になりうるのか、なるとしたらどのポイントでそうなるのかを研究していました。ここでカギとなる要素は、スペクトルギャップ——物質内の電子のエネルギー準位を基底状態（最もエネルギーレベルが低い状態）から第一励起状態（それより一段高いレベル）に移行させるために必要なエネルギー——です。もしこのギャップが埋まれば物質は突如として完全に別の状態に切り換わり、超電導体になります。ところが、この問題に最先端の数学を適用し、この物質の性質を完全に説明しようとしたところ、研究者たちは大きな衝撃を受けました。スペクトルギャップが存在するか否かは決定不可能だということが明らかになったのです。これは、深刻な意味を持っています。なぜなら、物質の微視的な性質を完全に把握していても、その物質がそれよりも大きなスケールでどうふるまうかを予測するには不十分だということを示しているからです。

この発見は量子物理学の進歩に限界を設ける可能性さえあります。数学と物理学の両方の分野で最も重要な未解決問題のひとつに、「ヤン＝ミルズ質量ギャップ問題」があります。これは、素粒子物理学の「標準理論」——物質を構成する基本粒子のふるまいを決める理論——自体に、スペクトルギャップが含まれているかどうかを問題としています。巨大な加速器を使って実験を行い、スーパーコンピューターを長時間走らせて計算した結果からは、スペクトルギャップの存在が示唆されています。クレイ数学研究所が2000年に「最初に解決した者に100万ドルを与える」として発表した7つのミレニアム懸賞問題のうちの1問が、質量ギャップの存在証明です。スペクトルギャップが一般論として決定不能であることによって、すでに解かれた個別の問題に影響が及ぶかどうかはまだわかりません。しかし、良いニュースもあります。決定不能性が浮上したひとつの理由に、量子レベルでの物質をあらわすために使われるモデルに奇妙なふるまいが出現することがありました。この奇妙なふるまいは分析不能なのですが、しかしながら、そこから何か新奇で魅力的な物理学がこの先発見されるのではないかという期待を抱かせます。たとえば、新たな粒子が1種類追加されるだけでも、場合によってはすべての物質の性質が書き直されるかもしれず、そうなれば技術進歩にとって、はかり知れないほどの意味を持つことでしょう。

第10章

シャボン玉と数学

シャボン玉が世界にたったひとつしかなかったら、
いったいどれだけの値がつくことだろう。
——マーク・トウェイン

ロンドンの王立研究所では1825年以来（1939～42年を除いて）毎年、科学の楽しさを伝える子供のための講座がいろいろなテーマで開かれ、「クリスマス・レクチャー」として知られています。1878年には、物理学者のジェイムズ・デュワーが「シャボン玉」というテーマでクリスマス・レクチャーを行いました。そして1890年、やはり物理学者のチャールズ・ボーイズが青少年向けの連続講座をもとに『シャボン玉の科学』という本を出版し、その冒頭でこう述べています。「みなさんの中に、シャボン玉にはもう飽きたという人が誰もいないよう願っています。おなじみのシャボン玉には、これからみなさんと一緒に見ていくように、シャボン玉遊びをしたことのある人が考えるよりもずっといろいろなことがあるのです」。

シャボン玉は子供の遊びですが、大人だっていくらやっても飽きません。予測できない飛び方でふわふわと風に乗り、ゆっくり降下してやがてはじける様子は、見ているだけで楽しくなります。表面では虹色の模様が絶えず変化しながら華やかに輝きます。いくつものシャボン玉がくっついた時の形も、魅力がいっぱいです。私たちは幼い頃から、1個のシャボン玉がどんな形をしているかや、何個も集まってくっついている時にどう見えるかを知っています。著者の片方であるデイヴィッドの4歳になる孫は、2個のシャボン玉がくっついた形を難なく見分けます。そんなのはまるで自明のように思えます。ところが、この「2個のシャボン玉が結合してできる形」は、誰もが何度も目にしたことがあるにもかかわらず、数学者にとっては長い間ずっと数学的な証明が困難な問題でした。「ダブルバブル予想」と呼ばれたこの問題がようやく証明されたのは、2002年のことです。実は、シャボン玉や石鹸(せっけん)の膜に関しては、いまだに解決されていない問題がいくつもあるのです。

昔ながらのシャボン玉は、石鹸の膜がひとかたまりの空気を包んでいるだけのものです。シャボン玉の膜は、内側と外側の表面に石鹸分子の層があり、その間に薄い水の層がはさまった3層構造です。シャボン玉は、はじけるまでは気密性を持っています。つまり、外から空気が入ることも、中の空気が出ていくこともありません。わざとつついたり何かにぶつかったりすると膜が壊れますが、そうでなくても、石鹸分子の層にはさまれた水が蒸発すればひとりでに割れます。寒い冬の日に吹いたシャボン玉が長持ちするのは、水の蒸発が遅いからです。うんと寒ければシャボン玉が凍ることもあります。

シャボン玉の形を理解する鍵は、表面張力――液の表面でまるで伸縮性の薄皮のように働く力――です。表面張力の源は、液体の分子同士が互いに引き合う力（凝集力）です。液体の内部の分子は四方八方隣り合うすべての分子から等しく引っ張られているため、全体として見れば力が働いていないように見えます。けれども表面の分子は横方向と下方向にしか引かれておらず、それによって、まるで表面に薄皮があるような状態になります。より正確に言えば、実際は、表面張力が働いているぶん、物体が完全に液体の中に浸って移動するよりも表面を移動する方が難しいのです。しかしたいていの場合、表面に薄い皮があると想像してかまいません。

よくある誤解に、水だけでシャボン玉が作れないのは水の表面張力が足りないせいで、石鹸が表面張力を増大させている、というものがあります。事実はその反対です。石鹸を加えると表面張力が減少します。水だけをストローで吹いてもたちまち割れてしまう理由は2つあります。表面張力が大きすぎて膜が裂けてしまうことと、表面からの蒸発で膜が薄くなりすぎてはじけてしまうことです。石鹸の分子は、酸素とナトリウムからなる親水性の（水となじみやすい）“頭部”に、炭素と水素からなる疎水性の（水となじみにくい）長い“尾っぽ”がつ

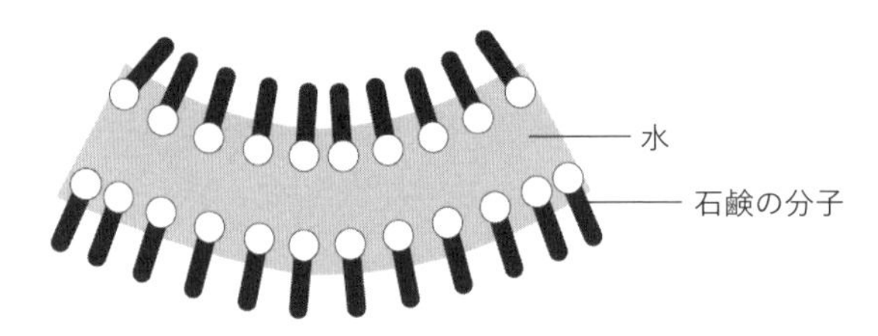

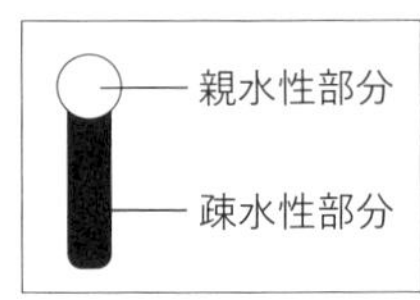

水分子同士の間にくさびを打ち込むようにして
表面張力を弱める石鹸分子

いた形をしています。シャボン玉ができるのは、分子がこの形をしているからです。石鹸の水溶液の中では、疎水性の尾はできるだけ水分子から遠ざかろうとしますから、シャボン玉の薄い膜の内側か外側の表面に“尾”が集まります。一方、親水性の“頭”は石鹸分子にはさまれた水の層に残るため、水分子同士の間にくさびを打ち込んだようになって、水分子が互いに引き合う力を弱めます。その結果、表面張力は弱くなります。さらに、水の層が石鹸の層である程度保護されて、水の蒸発が抑えられます。

空中に浮いているシャボン玉はふつう、10秒から20秒ほど持ちます。もっとずっと長持ちさせるには、密閉した容器を用意し、中の空気を水蒸気で飽和させて（つまり湿度100%にして）その中でシャボン玉を作り、シャボン玉からの水分の蒸発を大幅に減らすという手があります。米国インディアナ州ハンティントンのアイフェル・プラスタラーという物理学教師は1920年代にシャボン玉に魅せられ、やがてシャボン玉ショーやデモンストレーションで有名になりました。テレビ番組にも何度か出演し、『レイト・ナイト・ウィズ・デイヴィッド・レターマン』という番組では司会のデイヴィッド・レターマンの周囲をシャボンの膜で包んでみせました。世界一長持ちしたシャボン玉を作ったのは彼で、密閉容器に閉じ込められたシャボン玉は、あと24日でまる1年（！）という長期間にわたって形を保ちました。

シャボン玉作りは、熱狂的な愛好者や、互いに技を競い合う“名人”たちを多数生んでいます。1個の閉じたシャボン玉の中に何人の人間を入れられるか

巨大なシャボン玉

の記録保持者はチェコ共和国のマチェイ・コデシュで、その数はなんと275人です。彼は、2010年に長さ6メートルのトラックの周りをシャボン玉で囲んだこともあります。カナダのファン・ヤンは、マトリョーシカ人形のようにシャボン玉を入れ子にする達人で、12重のシャボン玉という最高記録を作りました。「サムサム・バブルマン」の名で知られるイギリスのシャボン玉芸人サム・ヒースは、シャボン玉によるバウンド数（38回）、シャボン玉を一列につなげた数の多さ（26個）、最大の凍ったシャボン玉（容積4,315立方センチ）という3つの記録を持っています。空中に浮かぶ世界最大のシャボン玉を作ったのはアメリカのゲリー・パールマンで、2015年に容積96.2立方メートルのシャボン玉作りに成功しました。

巨大なシャボン玉は、神経質なウェイターのお盆の上に乗ったよく固まっていないゼリーのように揺れて、形が定まりません。けれども小さなシャボン玉は、誰でも知っているように球形を保ちます。容積が一定の場合に表面積が最小になる形は、球だからです。たとえば、容積が10立方センチの球の表面積は48.4平方センチです。5種類の「プラトンの立体（正多面体）」、つまり正四面体、正六面体（立方体）、正八面体、正十二面体、正二十面体で容積が10立方センチの図形を作ると、表面積はそれぞれ71.1、60.0、57.2、53.2、51.5平方センチになります。全体の形が球に近付くほど、表面積が小さくなることがわかります。シャボン玉も自然界のあらゆるものと同様に、可能な限りエネルギー配置を小さくしようとします。そのために、石鹸の膜の張力を最小にします。すると、容積に対するシャボン玉の表面積が最小になります。シャボン玉を球形にするこの論理と物理特性を理解することは、それほど難しくありません。ところが、ある容積を包み込む“入れ物”のなかで最も表面積が小さいのは球であることの数学的な証明は、驚くほど難しいのです。事実、完全に証明されたのはようやく1884年のことでした。

出発点として、類似の問題を2次元で考えてみるとわかりやすいでしょう。同じ面積を持つ図形のうち、周の長さが最も短いのは何でしょう？　伝説のディードー女王の逸話をご存じでしょうか。彼女がベルベル人の王イアルバースに「雄牛1頭の皮を使って囲むことができるだけの土地」を譲ってくれるよう求めたのは、知恵をしぼった末だったに違いありません。イアルバースは、牛1頭の毛皮で覆えるほんのわずかな土地を失うだけだと気楽に考え、喜んで彼女の望みを聞き入れました。ところが、知略に富んだディードーは雄牛の皮をこれ以上細くできないくらい細く切って長い紐にし、広大な土地を円形に囲みました。それが、後にカルタゴになる土地です。ディードーが円形を選んで領地を最大にしたのは最善の策でした。しかし、周の長さが一定の時に面積を最大にできるのは円であると――別の言い方をすれば、一定の面積を囲む最小の周を持つ図形は円であると――直観的にわかることと、それを証明することは、まったく別の話です。

証明へ向けた歩みを前進させたのは、スイスの幾何学者ヤコブ・シュタイナーでした。彼は、極大図形（周の長さが同じ時に面積が最大になる図形）が必然的に持つさまざまな性質を発見しました。たとえば、その図形は凸型でなければなりません――凹型の図形は、へこんだ部分を反転して出っ張らせると周の長さが同じでより面積の広い図形を作れるからです。彼はこのような論拠を多数積み重ねることで、極大図形は円でなければならないと結論づけました。しかし彼の結論にはひとつ欠陥がありました。シュタイナーは、ある面積に対して周の長さが最小の図形が存在するとすればそれは円でなければならないことを示しましたが、そもそも「ある面積に対して周の長さが最小の図形」が必ず存在することは証明していなかったのです！　どういうことか理解するには、次のような例を考えて下さい。「最大の正の整数が1であると『証明』できてしまう」という話です。まず、何らかの最大の正の整数があると仮定し、その数をnとします。次に、もしもnが1と等しくなければ $n^2>n$ ですから、nは最大の正の整数ではないことになります。従って、nは1に等しくなければなりません。言うまでもなくこの議論の欠陥は、「実際には最大の正の整数は存在しないのに、それがあると仮定していること」です。

最大の面積を持つ曲線図形の場合、シュタイナーは間違ってはいませんでした。そのような曲線は存在し、彼が証明したように、それは円です。けれども、そのような図形自体が存在することの証明は他の数学者の手にゆだねられました。さまざまな方法で多くの証明が試みられました。1884年に、決まった容積を包み込む最小の表面積（極小曲面）の図形は球であることが証明され、1896年にドイツの数学者ヘルマン・ブルンとヘルマン・ミンコフスキーがこれをすべての高次元球体に一般化しました。それでも、それらは特殊なケースについての話でした。より多くの条件が付いた複雑な場合にどうなるかはわかっていませんでした。

19世紀にベルギーの物理学者ジョゼフ・プラトーが、シャボン玉の形に適用できる数々の法則を定式化しました。彼の第一の法則は「石鹸の膜は滑らかな面でできている」で、第二の法則は「同じ膜において、平均曲率はどの部分でも一定である」です。第三の法則は、「石鹸の泡の膜同士が出合う場合、必ず3つの膜が120°の角度で接触する」と述べます。この法則は、2個のシャボン玉がくっついている時にも当てはまります。それぞれのシャボン玉と外気の間の膜が各1枚、シャボン玉同士がくっついてできた膜が1枚です。どれかひとつのシャボン玉が他より大きければ、境界はその大きなシャボン玉に向かって内側にカーブして、第三の法則を満たします。プラトーの第四の法則は、「3つの面が120°で出会う場所では、4本の境界線がおよそ109.5°（正四面体角）で集まる」です。この角度が正四面体角と呼ばれるのは、正四面体の各頂点から中心へ引いた直線が形成する角度だからです。プラトーは、これらの法則に従っていないパターンのシャボン玉は不安定で、すみやかに配置を変えて法則を満たそうとすることを発見しました。
　プラトーは、境界の条件をいろいろ変えると何が起こるかも考察しました。たとえば、テーブルの上に乗ったシャボン玉は半球形になります。シャボン玉とテーブルの角度は必ずしも120°ではありません。これは、テーブルは石鹸の膜とは違うので、シャボン玉の表面積が最小である必要がないからです。また、正四面体の形の針金フレームをシャボン液に入れて引き上げれば、各辺から中心点へ向かう6枚の石鹸膜ができ、頂点と中心を結ぶ4本の境界は正四面体角を形成します。
　プラトーはこれらの法則を数学的に導き出したのではなく、長期にわたる観察から発見しました。当時彼が視力を失いはじめていたことを考えると、なおさら感慨深いものがあります。失明に至った原因ははっきりしませんが、若い頃に危険な光学実験をしがちだったことに関係するのではないかと言われています。たとえば彼は、網膜にどういう残像が残るか知りたいという理由で太陽を25秒間直視したことが知られています。
　プラトーは、実験結果に基づく自身の法則を自信を持って発表しましたが、どうすれば証明できるかは知りませんでした。これらの法則には容積の異なる複数のシャボン玉が関係しているため、一定の容積を包む極小曲面を確定する問題よりも、はるかに証明が困難でした。事実、プラトーの提唱した法則がつねに極小曲面に関して成立することをアメリカの数学者ジーン・テイラーが証明したのは、プラトーの死後100年近く経った1976年のことでした。彼女は、容積の制約を満たして最小の表面積を持つ表面は必ずプラトーの法則に合致していることを明らかにしました。
　テイラーの証明は、極小曲面に関連する最大の未解決問題のひとつである「ダブルバブル予想」を証明するための重要なステップでした。ダブルバブル予想によれば、異なる容積を持つ2個のシャボン玉が結合して可能な限り小さい表面積を持つ図形は、標準的ダブルバブル——2つの球の3つの面が1つの円に沿って120°の角度で出合う形——であるとされます。しかし、彼女の証明は問題をすべて解決したわけではありませんでした。2個のシャボン玉がこれ

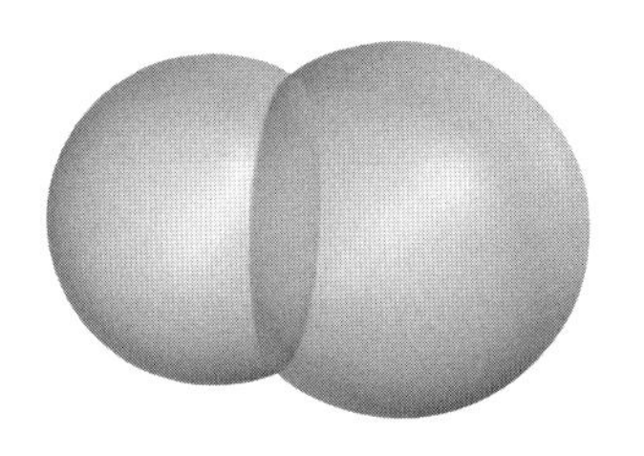

2つの球の3つの面が120°の角度をなすダブルバブル

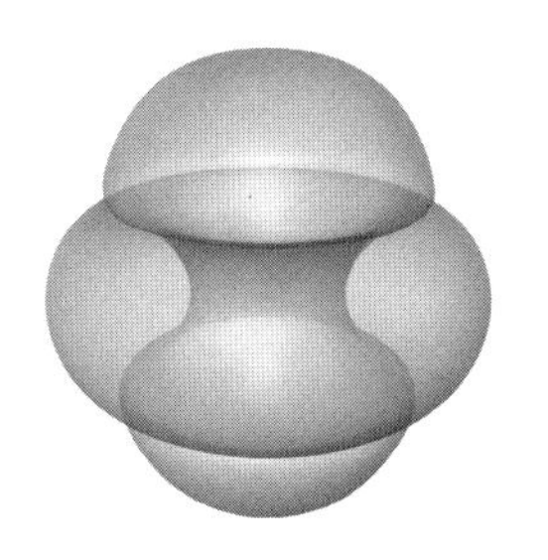

ピーナツ型のシャボン玉をもう一つのシャボン玉がドーナツ状に巻いている

とは異なる配置で結合することもありうるため、それらすべてを極小曲面ではないとして除外しなければならないからです。別の配置の一例に、1個のシャボン玉がピーナツ型で、もう1個がその真ん中のくびれの周りをドーナツ状に巻いている形があります。もしもこの形がプラトーの法則を満たしているなら——実際に満たしていました——これも可能性として考えられます。けれども、2002年に4人の数学者（マイケル・ハッチングス、フランク・モーガン、マヌエル・リトレ、アントニオ・ロス）がダブルバブル予想に最終的な決着を付ける論文を発表し、私たちの子供時代の直感が正しく、標準的ダブルバブルが数学的に最適であると証明しました。

最適化問題では、2次元空間内で線が120°で出合う点と、3次元でそれに相当する4本の線が109.5°で出合う点が、非常によく登場します。たとえば次の問題を考えてみましょう。

【問】三角形の3つの頂点をA、B、Cとする時、PA＋PB＋PCが最小になる点Pを見つけなさい。

最初に、ある点が三角形の中を移動すると、その点から3つの頂点までの距離はそれぞれ増加あるいは減少することに留意します。各頂点までの距離の変化は相殺されず、3つの距離の和が最小になる点が必ず1つだけ存在します。

もし三角形ABCが正三角形であれば、点Pは明らかに三角形の中心です。

けれども、3辺の長さがすべて違う三角形の場合、答を出すのはそれほど簡単ではありません。まず、三角形の“中心”を見つける方法がいくつもあります。3つの頂点からそれぞれ中線（三角形の頂点と対辺の中心を結ぶ線）を引いた時、その3本が交わる1点は「重心」と呼ばれます。重心は、名前からもわかるとおり、三角形の質量の中心です。厚さも密度も均一な木の板を三角形に切り、尖った棒の真上に重心が来るようにして乗せると、三角形は棒の上でバランスをとって安定します。一方、頂点A、B、Cから等距離な点は「外心」といいます。外心は、頂点A、B、Cを通る円の中心です。3つの角の二等分線も1点で交わり、その点を「内心」と呼びます。3つの頂点から対辺に垂直に引いた線が交わる点は、「垂心」です。この4つが、最もよく知られている“三角形の中心”です。だったら点Pはこのうちのどれかだろうと思われるかもしれません。ところが、違うのです。点Pはそれらとは別の点で、「フェルマー点」と呼ばれます。フェルマー点は、ほとんどの人にとって聞きなれない名前でしょう。線分PAとPBとPCが作る角度がいずれも120°であるような点Pが、フェルマー点です。この点を作図で求めるひとつの方法は、もとの三角形の外側に各辺を1辺とする正三角形を描き、次に、今描いた正三角形の第三の頂点（もとの三角形の外側に新たに作られた頂点）から、それと対面するもとの三角形の頂点（その正三角形の底辺の端ではない頂点）へ向かって直線を引きます。このようにして引いた3本の直線の交点が、フェルマー点です。ただし、もとの三角形のいずれかの内角が120°よりも大きい時には、奇妙なことが起こります。上で説明した作図をすると、3本の線の交点がもとの三角形の外側に来てしまうのです。これはどう考えても最適な点ではありません。この場合、120°よりも大きな内角を持つ頂点がフェルマー点の性質を満た

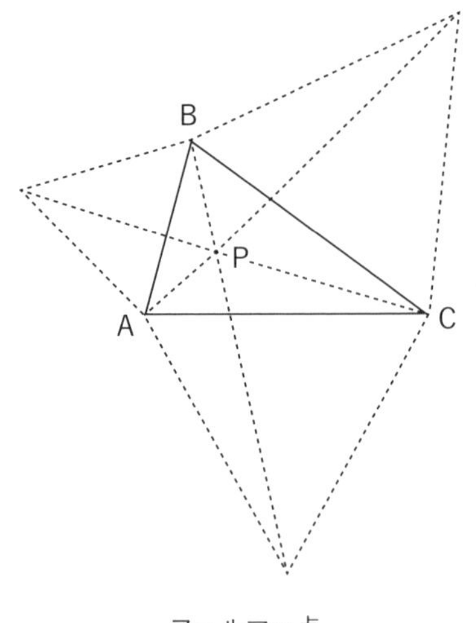

フェルマー点

します。

数学が導いたこの結論は実験で確認できますから、心配無用です。PA＋PB＋PCが最小になる点Pは、自然現象でも生成します。プラトーは針金で作ったいろいろなフレームをシャボン液に入れて観察しました。それを真似てみましょう。作るべきは、2枚のガラス板を、狭い間隔で平行に重ねたものです（2枚の間の隙間が2次元空間をあらわします）。細い金属棒を2枚のガラスの間の3ヵ所に垂直に立てます（これが三角形ABCの各頂点をあらわします）。シャボン液に入れてそっと引き上げると、3本の金属棒の間に石鹸膜による3本の“線”ができます。3本が出合う点がフェルマー点であることがわかるでしょう。

プラトーは立方体の形の針金フレームをシャボン液に入れるとどうなるかも実験しました。すると、枠の内部に石鹸膜による小さめの立方体ができ、その各辺から枠の針金に向かって膜の面が広がりました。立方体と書きましたが、完璧な立方体だとプラトーの法則を満たさないので、膜はやや曲面になります。具体的には、立方体を外側に少し膨らませた形です。この膨らんだ立方体の大きさは、中にどれだけの空気が閉じ込められたかに応じて違います。

なんとも魅力的なのは、あらかじめ計算で答えを求めるのが難しい複雑な図形でも、最小の表面積を調べるために必要なのは針金の枠と適切なシャボン液だけだという点です（シャボン液のレシピは多種多様ですが、たいていは水と食器用洗剤とグリセリンなどの強化剤を混ぜて作ります）。さて、たとえば針金で丸い輪を2つ作り、間隔をあけて平行にした状態でシャボン液に入れて取り出すと、輪の間に面白い面ができます。この場合、中に空気を閉じ込める必要はありません。両方の輪を境界としてその間にトンネルのように石鹸の膜が形成されればいいのです。実験する前には、表面積が最小になるのは輪と輪の間で円筒状に膜ができる時だと考える人が多いかもしれません。ところが、実際にできる膜の筒は両端の輪から中央へ向かってカーブを描きながら細くなります。この形はカテノイド（懸垂面）と呼ばれ、カテナリー（懸垂線ともいい、ロープなどの両端を持って垂らした時にできる曲線。第12章参照）を回転させることで作られる図形です（カテノイドの図は183ページ参照）。

プラトーの法則は2個のシャボン玉に限らず、泡（気泡がたくさん集まってできている塊）全体にもあてはまります。泡は一見したところひどくランダムなように思えますが、実は厳しい制約によって律せられています。泡の塊の中の小さな気泡1個1個がプラトーの法則に従っており、もしどの気泡も破裂しなければ、すべての気泡にはそれが包み込むべき量の空気が入っています。泡もまた、特定の容積を中に包みこんで全体の表面積を最小にするような配置で形成されます。泡は石鹸水以外の場所でもごく普通に見られます。たとえば人体の骨は、主に、硬い外側の層（緻密骨）と軟らかい内側の層（海綿骨）と骨髄で構成されています。海綿骨は泡に似た構造に見えますが、実際は多孔質構造です。多孔質構造は、泡のように1個1個の気泡が閉じているのではなく、個々の孔は開いていて、多数の泡の縁をつないだようなネットワーク構造をなしています。泡に似たこの構造によって骨はいくらかの柔軟性を獲得し、「もろくて割れやすい性質」を抑えています。

2008年の北京オリンピックで水泳会場として使われた国家水泳センターは、泡にインスピレーションを受けて設計されています。ウォーターキューブ（水立方）の愛称で呼ばれるこの建物（実際には立方体というには高さが低すぎるのですが）の外面は、泡の断面に似たパターンで飾られています。私たちが泡と聞いて思い浮かべる不規則性があるので、一見すると泡そっくりのように思えますが、泡のパターンを熟知した人なら本物との違いに気付きます。たとえば、「シャボン玉同士の角度は120°」というプラトーの法則に反して、長方形や三角形の気泡があります。それらは他の気泡と比べると場違いに感じられます。おそらく建築家はプラトーの法則を知らなかったか、知っていたとしても美的あるいは実用的な理由から部分的に無視したのでしょう。

泡は3次元ですが、2次元の類似物もあります。平面をすべて面積が同じたくさんの区画に区切って、境界線（仕切り）の長さの合計を最小にする、一番良い方法は何でしょう？（平面が無限である以上、境界線も無限ですが、この問題を考える際には平面の広い部分を取り出し、一定の面積あたりの“平均的な”境界の長さを求めます。）答えは六角形のハニカム（蜂の巣）パターンです。ところが、これも直観的には明らかなのに証明が困難です。蜂の巣の場合、六角形の小部屋が一番効率的で、壁の材料の蜜蝋が最も少なくて済みます。蜂の巣が六角形なのはそのためだと考えられています。ハニカムが最適なことは誰もが知っていますし、これが最も効率の良い正平面充填（第7章参照）であることは自明です（1種類の正多角形で平面を埋める正平面充填は、正三角形、正方形、正六角形を用いる3種類しかありません）。けれども、どんな形を使ってもかまわない不規則な平面充填まで含めた時でもハニカムが一番であることの証明は、長い間できずにいました。ハニカムが最良という予想が最初に立てられたのがいつかは不明です。知られている限り最も古い記録は紀元前36年にマルクス・テレンティウス・ウァロが記したものですが、その前から存在したに違いないと考えられています。これほど昔からの予想だったにもかかわらず、トーマス・ヘイルズによって証明されたのは1999年で、未解決期間が最も長かった数学の問題のひとつに数えられています。最大の難関は、正平面充填だけでなくすべての不規則な充填も——辺が曲線の図形や、面積が同じ複数種類の図形を使っての充填も——考慮しなければならない点です。

ハニカム予想の3次元バージョンはさらに難度が高くなります。実際、あまりに難しすぎていまだに証明されていません。1887年にケルヴィン卿ウィリアム・トムソン（絶対温度の単位「ケルビン」の名前の由来になった物理学者）は、「三次元空間を同一体積・最小表面積の図形に分割する最も効率的な方法は何か？」と問うています。ケルヴィン卿は答えがわかったと思いましたが、証明はできませんでした。彼は切頂八面体（正八面体の各頂点を切り落とした立体で、正六角形の面8つと正方形の面6つを持つ）から出発しました。この図形は三次元空間を充填できます。ケルヴィン卿は、もしこの図形の面がプラトーの法則にのっとって少し曲面になっていればより効率が高くなることに気付き、この「面がわずかにカーブした切頂八面体」で最も効率の高い充填ができるという予想を発表しました。それから1世紀以上、“ケルヴィンの充填”を超えるものは出てきませんでした。しかし1993年にダブリン大学トリニティ・カレッジの物理学者デニス・ウィアと学生のロバート・フェランがついに成果を挙げます。ウィア＝フェラン構造はケルヴィンの図形と比べて説明が難しいのですが、2種類の立体で構成されています。切頂ねじれ双六角錐（六角形2面と五角形12面からなる十四面体）と黄鉄鉱型の五角十二面体で、これらもプラトーの法則

ケルヴィンの充填

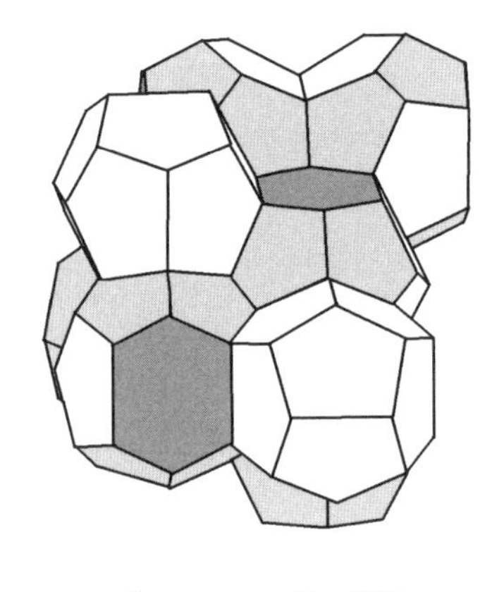

ウィア＝フェラン構造

に従って面がわずかにカーブしています。ウィア＝フェラン構造がケルビンの構造と比べて改善した量はわずかで、表面積が0.3%少なくなっただけです。この構造は、泡の形として自然に発生します。実際、泡のコンピューターシミュレーションを調べていた時に発見されました。ウィア＝フェラン構造が最適なのか、それともいつの日かもっと効率の高い充填が発見されるのかは、現時点ではわかっていません。

自然界では、科学者がこれまでに考察した対象のうちで最大の構造と最小の構造が気泡や泡で形成されています。極小スケールのものはナノフォーム（ナノサイズの泡という意味の単語が語源）という多孔質素材で、孔の大部分は直径が100ナノメートル（1メートルの10億分の1）未満です。有名な例としてエアロゲル（「凍った煙」とも呼ばれます）があり、信じられないほど軽く、まるで霧のような見た目です。炭素、金属、ガラスをはじめとしたさまざまな素材のナノフォームがあり、特異な物理特性を持つので、将来は驚異的に細いワイヤーや高効率の触媒やエネルギー貯蔵装置として利用されるかもしれません。

それに対して最大サイズの泡は、文字通り天文学的なスケールです。まず、高温の若い恒星の表面から強力な恒星風が周囲の星間物質の中に吹き出すことで作られる、直径数光年の「恒星風バブル」があります。それよりさらに巨大な、直径が数百光年もあるようなスーパーバブルは、複数の恒星の爆発や超新星爆発でできたのだろうと考えられています。実は、太陽系はそうしたスーパーバブルのひとつ（「局所泡」と呼ばれます）の中心近くにあります。局所泡は、1000万～2000万年前に起きた複数の超新星爆発の結果形成されたとされています。

第11章

だって楽しいから
数学パズル

ふまじめは、あらゆる種類のすばらしい洞察をもたらした。
——カート・ヴォネガット

もしも子供たちが一番よく学習するのが楽しく遊んでいる時なのであれば、すべての学校で娯楽のための数学を教えるべきでしょう。ひたすら九九を暗記したり、方程式を解いたり、あれこれの角度を計算で求めたりしつづける授業に耐えてきた人々にとって、「娯楽のための数学」は矛盾した表現に聞こえるかもしれません。けれども、暇な時間に数独や論理パズルやルービックキューブなどで遊ぶのが好きな人は、知らぬ間に楽しみながら数学をしています。それだけではありません。楽しい数学から——単純なルールのパズルやゲームからさえも——数学全体にかかわる重要な新展開が生まれることもあります。

“ただ楽しむための”数学には、数学自体と同じくらい長い歴史があります。古代ギリシャの昔から、娯楽や頭の体操を目的として数や図形やロジックを使ったパズルが作られてきました。古典的パズルのなかでも最古の例のひとつが、三角形、四角形、五角形のピース14個を組み合わせて正方形を作る「アルキメデスの小筥（こばこ）」（別名「ストマキオン」）と呼ばれる図形パズルです。このパズルを完成させる方法は何通りもあり、解き方が全部でどれだけあるかがコンピュータープログラムを使った計算で判明したのは2003年でした。アメリカの数学者ビル・カトラーが、回転や鏡映や同形のピースの入れ替えを除外すると解き方は536通りであることを明らかにしたのです。アルキメデスの小筥の

タングラム。正方形を切り分けた7つのピースでシルエットを作る。
右図はタングラムで作られた『不思議の国のアリス』のキャラクター。

ようなタイプのパズル（シルエットパズル）は、分割問題と呼ばれるものの一例です。ジグソーパズルと同様に数学の知識がまったく必要ないため（数学の知識があれば役立ちますが）、誰でも挑戦できます。

昔から知られている別のシルエットパズルに、正方形を切り分けた7個のピース——大きさの違う三角形5個、正方形1個、平行四辺形1個——からなる「タングラム」があります。ピースを組み合わせて、シルエットで示された形（何千種類も可能）を作ります。すべてのピースを重ねることなく使って、目的の図形にしなければなりません。発祥は数百年前の中国らしいとされています。その後、貿易船で1800年代初めにヨーロッパに伝わり、すぐに人気が出ました。ナポレオン、エドガー・アラン・ポー、ルイス・キャロルもタングラムの愛好者だったといわれます。特にキャロルは、19世紀後半にこのパズルのピースを使って『不思議の国のアリス』や『鏡の国のアリス』のキャラクターを作り、タングラム人気の再燃に一役買いました。

同じジャンルには、20世紀初めに生まれ、ピースが4個しかないのに非常に難しいパズルがあります。それがT字パズルです。ピースを組み合わせて、左右対称な大文字のTを作ります（回転や裏返しは可ですが、ピースを重ねてはいけません）。2種類のTの字ができるほか、等脚台形を含む別の左右対称図形も2種類作れます。

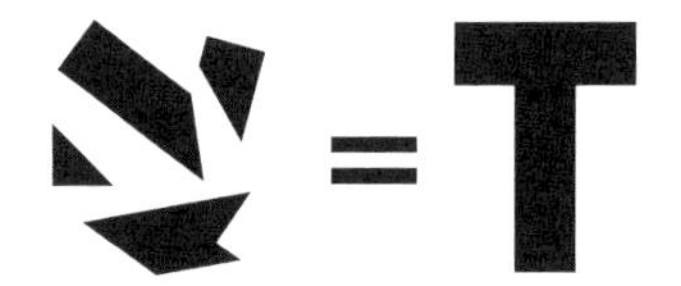

T字パズル

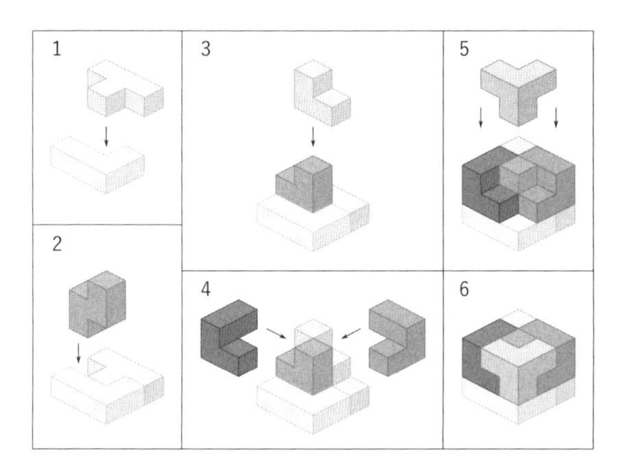

ソーマキューブ

立体の分割問題、つまりタングラムの3次元版を発明したのは、デンマークの数学者で発明家で詩人でもあったピート・ハインです。彼は1936年にヴェルナー・ハイゼンベルクの量子力学講義を受けた後に「ソーマキューブ」を作りました。ハイゼンベルクが空間を立方体に切り分ける説明をしていた時、ハインの頭の中で、4個以下の立方体の面同士をくっつけて作ることのできる不規則な立体7種類を全部組み合わせると、1個の大きな立方体（3×3×3）になるとひらめいたのです。

ソーマキューブの各ピースは、3個あるいは4個の立方体の面同士を結合させて作ることが可能で、かつ直方体ではないすべての立体です。ハインは次のように述べています。

立方体の不規則な組み合わせのなかで最もシンプルな7個のピースを再び立方体に組み上げられるのは、自然のうるわしきユーモアと言うべきだろう。基本単位の組み合わせが多数集まって、再び基本単位が作られる。
これは世界最小の哲学的体系であり、その点は間違いなく強みである。

数学に登場した多くの新奇で楽しいアイディアの場合と同様に、ハインの発見が脚光を浴びたきっかけは『サイエンティフィック・アメリカン』誌のマーティン・ガードナーの「数学ゲーム」というコラムでした。コラムで取り上げられてから3年後の1961年に、ソーマキューブのピースを組み合わせて3×3×3の立方体を再構成するための240通りの方法すべてが解明されます。解いたのはイギリスの数学者で、当時はケンブリッジ大学の同級生だったジョン・コンウェイとマイケル・ガイです。コンウェイはさらに、18個のピースからなる5×5×5の立方体を作りました（コンウェイのパズルと呼ばれます）。一方、ハインはゲームの商品化で商業的な成功を手にしました。ソーマキューブは最初はデンマークの会社がエレガントな紫檀（したん）材で製作し、アメリカではパーカー・ブラザース社が販売して、その後安価なプラスチック製の製品も売り出されました。

ハインとコンウェイとガードナーは現代において娯楽のための数学を広めた立役者といえ、数学の“楽しい側面”が真面目で学術的な側面と切れ目なくつながっていることを示してみせました。コンウェイは、数論、結び目理論、低次元から高次元までの幾何学、そして群論に大きく貢献した著名な数学者です。ハインは超楕円（ラメ曲線）の研究者で、発明家や詩人としても、またパズルの考案や解法の発見でも有名でした（第12章参照）。ガードナーは一般の人々に数学を広めた最大の功労者で、数学における新発見の魅力に広範囲の注意を向けさせたその業績は、数学界と一般社会の両方で尊敬を集めました。

けれども、先にも触れたように、数学の楽しい側面には長い歴史があります。アルキメデスは、「小箆」の他にも「牛の問題」という難問を作っています。これも、完全に解かれたのはつい最近です。答は1880年に見つかったのですが、あまりに巨大な数なので、正確に計算してプリントアウトされたのは——小箆の問題同様にコンピューターの力を借りられるようになった——1965年のことでした。ただ、小箆と牛の問題とでは、難しさのレベルが違います。決まりに従ってピースを動かして特定の形にする小箱のようなゲームは、誰でもやってみることができます。ところが牛の問題は、ほとんどの人がちょっと覗いただけで敬遠します。2000年以上前、アルキメデスは、エラトステネスを頂点とするアレクサンドリアの優秀な数学者たちへの挑戦状としてこの問題を出しました。彼の手紙は「おお盟邦の友よ、ヘリオスの牛の群れを算(かぞ)え給え、もし君が綿密で知恵を持っているならば」〔引用部は中央公論社『世界の名著　ギリシアの科学』による〕という書き出しで始まります。

続いて、次のような問題（わかりやすいようにいくらか言い換えてあります）が詩の形で提示されます。太陽神ヘリオスは牡牛と牝牛の群れを持っており、牡牛も牝牛も群れのうちひとつは白い牛、第2の群れは黒、第3は斑(まだら)、第4は黄色の牛の集まりです。牡牛のうち、白の数は黒の$\frac{1}{2}+\frac{1}{3}$と黄色の和、黒の数は斑の$\frac{1}{4}+\frac{1}{5}$と黄色の和、斑の数は白の$\frac{1}{6}+\frac{1}{7}$と黄色の和です。牝牛の方は、白の数が……（以下条件が続きます）。

おわかりでしょう。おそろしく複雑なのです。アルキメデスは、条件を7つ出したところで群れの牛たちの構成はどうなっているかと問います。アルキメデスはとりあえずこれを解くよう促しますが、この問題が解ける者は「数について不案内だとか苦手だとかといわれたくはあるまいが、これっぽっちではまだなかなかに知恵者の数にははいらないのだ」と述べて、さらに条件を2つ追加します。それからおよそ2000年後、ドイツの数学者A・アムトールが、9つの条件すべてを満たす答（牛の総数）は20万6545桁で、最初の4桁は7766であると発表しました。しかし、高性能のコンピューターなどなかった当時、対数表しか持たないアムトールはそれ以上解くことを断念しました。1965年、カナダのウォータールー大学の数学者たちがIBM 7040コンピューターを7時間半走らせて、正確な答〔最初の4桁が7760である20万6545桁の数〕にたどり着きます。不幸にもその時の42ページのプリントアウトはその後失われてしまいました。そして1981年に、クレイ研究所のハリー・ネルソン（著者の片方であるデイヴィッドの、当時の同僚）がスーパーコンピューターCray-1で再び計算を行いました。今度はたった10分で解答が得られて、プリントアウトは12ページに圧縮され、次いで『ジャーナル・オブ・レクリエーショナル・マセマティクス』

誌では1ページに印刷されました。

さて、19世紀後半から20世紀初めにかけての数学パズル界では、アメリカのサム・ロイドとイギリスのヘンリー・デュードニーが双璧でした。ロイドは、興味をそそる一般向けパズル作りに天才的才能を発揮し、それと同じくらい自己プロモーションと露骨なまでのごまかしに長(た)けていました。彼の有名な創作パズルには、「フープスネーク」(10ピースに切り分けたヘビの絵を並べ替えて、尾を口でくわえて輪になった形にする)、「地球追い出しパズル」(後述)、そして最も知られた「14-15パズル」(後述)があります。ロイドは17歳で米国最強のチェス・プレーヤーにして世界ランキング15位になりますが、それ以前からすでにチェスパズルの作者として有名でした。また、10代で一見シンプルな「トリック・ドンキー」というパズルを作りました。2頭のロバと2人の乗り手の絵が描かれた紙を3つに切り離し、並べ替えて乗り手がロバにまたがっている絵を完成させます。ロイドはこのパズルをフィニアス・T・バーナムという興行主(後にバーナム&ベイリー・サーカスを創設する人物)におよそ1万ドルで売ります。彼は、こうした「簡単に解けそうに見えるので人々が気軽に手を出し、何時間かやってみて、一筋縄ではいかないことに気付く」タイプのパズルが得意でした。しかし、他人が先に作ったパズルをしばしば自分の発明と称するなど、誠実さには欠けていました。

その一例に、ロイドが「自分が1870年代に発明した」と主張した「15パズル」があります。15パズルは100年後のルービックキューブと同じくらい大人気を博しました。1から15までの数字が書かれた15個の四角いタイルが4×4マスの枠内に収まっていて、1ヵ所だけは空いています。この空いている場所を利用してタイルをスライドさせ、ランダムに並んだ状態からきちんと順番

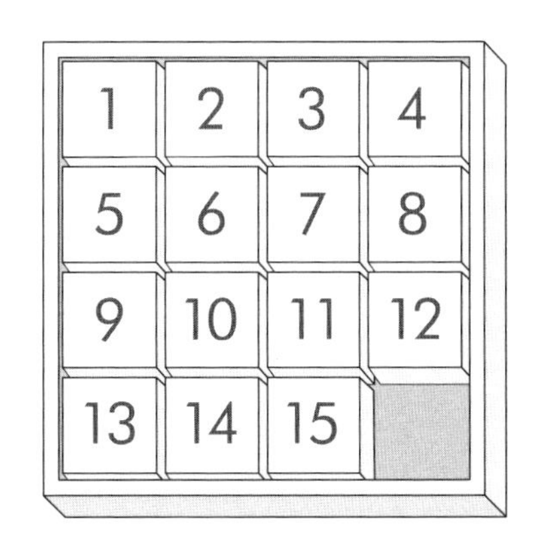

15パズル

が揃った状態にすれば完成です（ただし、後述のように、最初の配置によっては順番通りに並べ替えることが決してできない場合もあります）。誰もがこれに熱中し、鉄道馬車〔馬が引く路面電車〕の中やランチタイムや、果ては本来なら仕事をすべき時間にまで遊んでいました。それどころか、権威あるドイツ国会の議事堂にまでパズルが入り込みます。「今でもありありと目に浮かぶ、国会議事堂で白髪の紳士たちが、手にした小さな正方形の箱に夢中になっていたさまが」と、パズル大流行の時期に代議士を務めていたドイツの地理学者・数学者のジークムント・ギュンターは回想しています。同時代のフランスのある作家は、「パリでは屋外の大通りでも人々がパズルに興じ、その流行はたちまち首都から地方へ広がった。田舎の小さな家にもこの"蜘蛛"が入り込み、巣を張って獲物がかかるのを待っていないところはほとんどなかった」と書いています。

ロイドは死後の1914年に出版された『*Cyclopedia of Puzzles*（パズル百科事典）』で、「パズルランドの住人のうちでも年配の方々は、70年代初めに私が、スライドして動かせる四角いタイルを収めた小さなボックス、すなわち後に『14-15パズル』として知られることになるもので世界中を熱狂の渦に巻き込んだことを覚えておいででしょう」と述べています。実は、「15パズル」の本当の発明者はアメリカのニューヨーク州キャナストータの郵便局長、ノイエス・チャップマンでした。ではロイドは何をしたかというと、1から15まで順に並んだ「15パズル」のタイルのうち14と15だけを入れ替え、この配列のパズルを最初に解いた人に1000ドルの賞金を出すと発表したのです。多くの人が解いたと申し出ましたが、注視された環境下でそれを再現することには誰も成功しませんでした。理由は簡単で、ロイドがこのパズルで米国の特許を取れなかったのも同じ理由でした。特許法では、プロトタイプを製造するには、実用モデルを提出しなければなりませんでした。ロイドが特許局の担当職員にゲームを見せた時、担当者は「これは解けますか？」と質問しました。ロイドの返事は「いいえ。数学的に不可能です」でした。それを聞いた担当者は、実用モデルは作りえない、従って特許も不可であると判断したのです。

15パズルの分析が完了した時に明らかになったのは、最初のタイルの配置は200億通り以上あるものの、それを2つのグループに分けられることでした。

ひとつのグループは15個のタイルを昇順に並べ替えることができ、もうひとつのグループはどうやっても14と15が入れ替わった結果にしかなりません。2つのグループの配置を組み合わせることは不可能で、一方のグループの配置をもう一方のグループの配置に変えることもできません。では、タイルをでたらめに配置したパズルを渡された時に、解けるか解けないかをあらかじめ知ることは可能でしょうか？　答えはイエスです。nという数字のタイルが$n+1$のタイルよりも後にある場合がいくつかを数えるだけです。この置換箇所の数が偶数ならば、パズルは解けます。奇数であれば、解こうとするのは時間の無駄です。

ロイドがフルタイムのプロのパズル作家になったのは、1890年代に入ってからでした。同じ頃、彼はイギリスに住む著述家でパズル作りの名人であるヘンリー・デュードニーと大西洋越しの文通を始めました。デュードニーは13歳で学校をやめて政府機関の事務員の職に就きましたが、やがてチェスと数学の問題を作るエキスパートになりました。彼は「スフィンクス」というペンネームでしばしば自作の問題を新聞や雑誌に発表します。『ストランド・マガジン』誌では30年間にわたってコラムを執筆し、著書も6冊出しています。最初に出版した『カンタベリー・パズル』(1907) には、チョーサーの『カンタベリー物語』の登場人物たちが出題する問題という設定の一連のパズルが収録されていました。そのなかでも「小間物商のパズル」と呼ばれる問題の解法は、幾何学におけるデュードニーの発見のうちで最も有名です。小間物商のパズルは、正三角形を4つのピースに分割し、並べ替えて正方形にするには、どのように分割すれば良いかという問題です。このパズルの解法には驚くべき特徴があります。それは正解の分割法でできた各パネルの特定の頂点同士を蝶番(ちょうつがい)でつなげ、端を持つと1列にぶら下がるようにしたと想定して、それをくるりと畳めば正方形、逆方向に畳めば元の三角形にできるという点です。蝶番は元の三角形の各辺に1つずつ付けます。2つは底辺以外の2辺の中点に付け、残る1つは、底辺をおよそ0.982：2：1.018 (底辺の端から蝶番まで：蝶番からもうひとつの頂点まで：そこから底辺の反対の端までの距離の比およそ0.982：2：1.018) に分割する2点のうち1点に付けます。デュードニーは1905年5月17日に王立協会の会合で、マホガニー材の板と真鍮の蝶番でまさにその形の模型を作り、解法を実演して

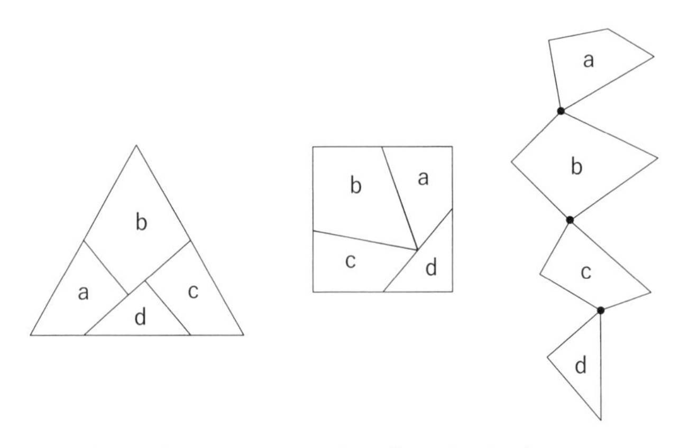

小間物商のパズル。右端の図は、蝶番（黒い丸の部分）をつけてぶら下げたところ。

みせました。

そんなデュードニーとロイドは、しばらくの間新しいパズルを共同で開発しました。衆目の一致するところ、デュードニーは優れた数学者で、ロイドはプレゼンテーションや宣伝に非凡な才能を持っていました。しかし、やがてふたりの仲に亀裂が入ります。原因は、他人のアイディアを無断で借用したり、自分の発明であるかのように公言したりしがちなロイドの性格でした。デュードニーの娘のひとりは、父親が「（そばにいた私が）おびえるほど激しい怒りを爆発させ、それ以来サム・ロイドを悪魔（デビル）呼ばわりした」と回想しています。

「地球追い出しパズル」という消失パズルはロイドの作品のうち商業的に最も成功したもののひとつですが、ここでも彼は他人のアイディアを自分の発明と主張しました。これはそれ以前にあった類似の人体消失トリックを応用したパズルです。消失パズルは、パズルのピースを入れ替えたりずらしたりした時に、全体の面積や描かれているものの数が変化して見えます。1896年に発売された「地球追い出しパズル」は、長方形の背景の上に円形の回転する厚紙があり、円形部分には地球が描かれていて、地球と背景にまたがって中国人風の人間が複数描かれています。地球を少し回転させ、中央の大きな矢印を背景の「N.E.」に合わせて「中国人」を数えると、13人います。ところが、逆方向に少し回転させて矢印を「N.W.」に合わせると、人物が12人に減ってしまうのです。13人目はどこに行ってしまったのでしょう？　このパズルのポイントは、ひとり分の身体のいろいろな部分——腕、脚、胴、頭、剣——からほんの一部ずつが消失する点です。地球が回る時に、それらのピースがわずかに組み替えられます。具体的に言うと、12人全員が隣の人物から少しずつパーツをもらっています。

地球追い出しパズルは、私たちの知覚を欺く点で、視覚イリュージョンの一形態です。それとは別に、「何が理にかなっているか」に関する私たちの直観を裏切るように感じられる数学パズルもあります。これは、直観が実はあまりあてにならないことを利用しています。単純な例として、「1次元、2次元、3次元で量の変化率にどんな違いがあるか」という問いを考えてみましょう。まず、地球が半径6378キロメートルの完全な球体で、その表面全体に薄い膜がぴったり付いているところを想像して下さい。次に、この球状の膜の面積を1平方メートルだけ広くし、少し大きな球にします。膜の半径と容積はどれくらい増えるでしょう？　球の表面積と容積の公式を知っていれば簡単に計算できます。驚くべきことに、表面積を1平方メートル増やすと、容積は約325万立方メートル増えます。けれども新しい膜と地球の表面の間にはそれほど隙間はできません。半径の増加は、わずか10億分の6メートルです！

球に関する問題で、答が直観に反するだけでなく、そもそも解を出すための情報が足りないように思える例をもうひとつ紹介しましょう。高さ（直径）が1インチ（約2.5 cm）の木製の球体があるとします。あなたはそのど真ん中をドリルでくりぬいて、高さ（穴の長さ）が$\frac{1}{2}$インチのビーズを作ります。では次に、あなたが超巨大なドリルを使って地球と同じ大きさの球体にぽっかり穴をあけ、残った“地球”の高さが$\frac{1}{2}$インチになるようにしたと想像して下さい。穴をあけて残った木のビーズの体積と、残った“地球”の体積は、驚くなかれ、まったく同じです！　“地球”はビーズのもとになった木の玉よりはるかに巨大ですが、内径の大きな穴をあけるにはそれに応じて超巨大なドリルが使われるため、残った部分の体積を決めるのはもとの球体の大きさだけでもなければ穴の大きさだけでもなく、ビーズの高さを$\frac{1}{2}$インチにするという条件のもとで

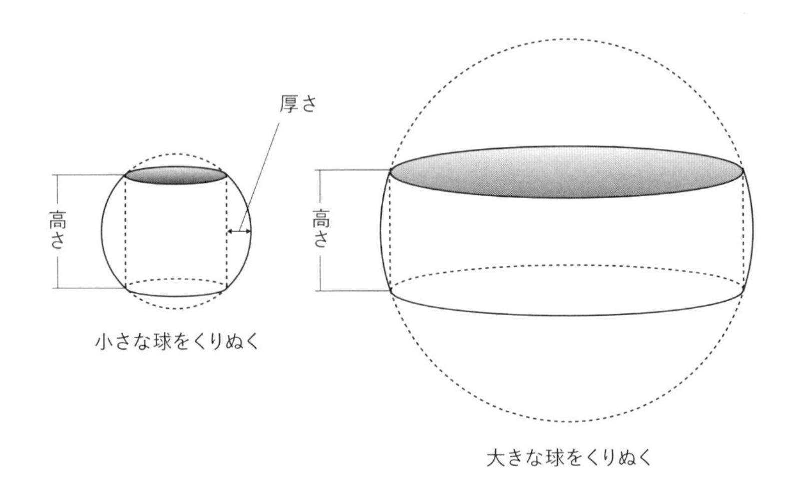

高さが同じになるように小さな球と大きな球をドリルでくりぬくと、
小さな球のビーズは厚みがあり、大きな球からできたリングは薄い。
その結果、体積は同じになる。

の両者の関係です。これを知っていれば、ルイス・A・グレアムの『*Surprise Attack in Mathematical Problems*（不意打ちの数学問題）』という本に載っている次の詩が投げ掛ける問題は、情報が足りないように見えてもちゃんと解けます。

ボニファス爺さん、気合を入れて
硬い球に穴あけた
中心貫き、まっすぐしっかり
穴の高さはきっかり6インチ
向こうまですっかり穴が通ったら
残った球の体積いくら？
これじゃ説明が足りないって？
もう全部言ったよ、答えるのは簡単だ

ドリルでうがった球体の残り部分の体積は最初の球の大きさには関係ないという秘密を知っている私たちは、幾何学的な証明を一から組み立てるかわりに、ちょっとズルをして短い論拠を示すことができます。どんな球でも、ドリルで穴をあけて高さ6インチのビーズにした時に残り部分の体積がつねに同じということは、直径6インチの球に直径がゼロの穴をあけた（すなわち穴をあけない）時の体積とも同じことになります。従って、球の体積の公式（$V=\frac{4}{3}\pi r^3$）で半径（r）を3インチにすれば答が求められます。およそ113立方インチです。

娯楽のための数学のあらゆる問題は、問題の性質がどんなものであれ、2つの条件を満たすことを求められます。第1に、一般の人が学校で習う範囲の知識や手法で解けなければなりません。第2に、人を引きつけるような魅力や興味をそそる側面がなければなりません。この2番目の要素を補強するためにパズル作家がしばしば使う手が、歴史や逸話の捏造（ねつぞう）です。フランスのエドゥアール・リュカは、フィボナッチ数列の研究やそれに関連するリュカ数列の発見で知られる数学者ですが、自身が考案したパズルゲーム「ハノイの塔」をより魅力的にするため、ちょっとしたフィクションで味付けをしました。このゲームの初期バージョンが1883年に売り出された時、パッケージには作者の名前が「Li-Sou-Stian」大学の「Prof. Claus」と書かれていました。これが「Saint Louis（サン・ルイ）」校の「Prof. Lucas（リュカ教授）」のアナグラム（文字の並べ替え）であることはすぐに見抜かれました。ゲームは、3本の杭と、大きさが異なり中央に穴の開いた円盤8枚で構成されます。スタート時には8枚の円盤がすべて端の杭に刺さっており、一番下に一番大きい円盤、上へ行くほど小さい円盤という順で重なっています。円盤は一度に1枚ずつ別の杭に移すことができますが、小さい円盤の上に大きい円盤を重ねてはいけません。このルールのもと、最短の手数で円盤の山を別の杭に移動させるにはどうすればいいかがゲームの課題です。

リュカは商品にエキゾチックな感じを与えるため、このゲームにまつわるロマンチックな物語を印刷して同梱しました。それによれば、ハノイの塔は名高い壮大な「ブラフマーの塔」のミニチュア版だとされています。インドのベナレス（現ヴァーラーナシー）に世界の中心を示すドーム寺院があり、内部に1枚の真鍮の板が置かれていて、板の上には「長さが1キュビット、太さは蜜蜂の身体ほど」のダイヤモンドの針が3本立てられています。天地創造の時に、ブラ

ハノイの塔

フマー神は3本の針のひとつに64枚の純金の円盤を重ねて置きました。円盤はすべて大きさが違い、真鍮の板に接する底の部分に一番大きな円盤があり、一番小さな円盤が一番上で、その間は大きさの順に(それぞれの円盤が一回り大きい円盤に乗って)重なっていました。寺院には、一度に1枚ずつ円盤を別の針に移動させる係の聖職者たちがいて、すべての円盤を最初の針から別の針に移すことを目指します。ある円盤の上にそれより大きい円盤を重ねたり、針以外の場所に円盤を置くことは許されません。作業が完了して64枚が全部別の針に移動すると、「塔も、寺院も、ブラフマーもすべて崩れて塵になり、轟音とともに世界は消滅する」のです。この予言は、疑問視される心配がほとんどありません。すべての円盤を移動させる手数は$2^{64}-1$、およそ1.8447×10^{19}で、1秒に1枚動かすと仮定しても、現在の宇宙の年齢を5倍したくらいの時間になります！　幸い、ハノイの塔は64枚ではなくたった8枚なので、そこまでの時間はかかりません。最少の移動回数は$2^{8}-1$、すなわち255回です。

多くの数学者と同じく、リュカも変わった死に方をしました。フランス科学推進協会の年次大会の晩餐会でウェイターが食器を落とし、割れた陶器のかけらがリュカの頬に切り傷を作ります。数日後、リュカは丹毒(連鎖球菌によるひどい皮膚炎)で49年の生涯を閉じたのでした。

ハノイの塔と数学的に関係があり、もっとずっと古い数学パズルに、「チャイニーズリング」と呼ばれる知恵の輪があります〔9個の輪があるものは九連環の名でも知られます〕。細長いループ状になった針金にいくつもの金属の輪がは

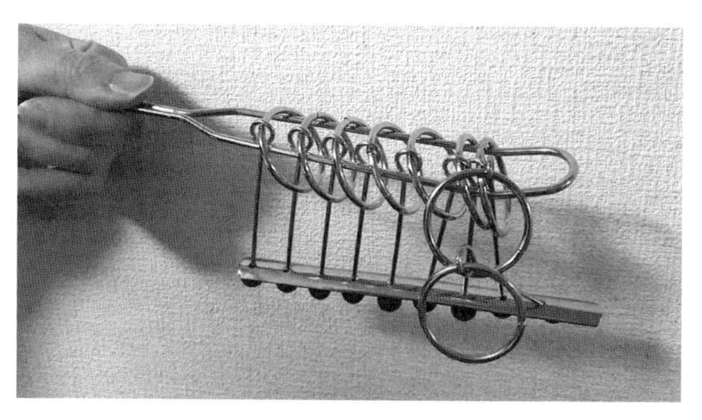

チャイニーズリング（九連環）

まっていて、そのリングを全部はずし、再びもとどおりにはめるのが課題です。最初の1手では、左端の輪を1個か2個ループからはずせます。輪は単独で、または2つ一緒にして、上から下ヘループをくぐらせることができます。もし1番目と2番目の両方をはずした時には、4番目の輪をはずすことができます。1番目だけをはずした時には、3番目の輪をはずせます。その後に次の輪をはずすためには、一度はずした輪をもとに戻さなければなりません。この手順を何度も何度も繰り返します。

一般的に、チャイニーズリングの輪の数をn個とした時に全部をはずすための最少の手数は、nが偶数であれば$\frac{2^{n+1}-2}{3}$、nが奇数なら$\frac{2^{n+1}-1}{3}$です。たとえば7個の輪は85回の操作ではずれます。どの操作も、進んでは前の状態に戻ることの繰り返しなので、解き方がわかってしまえば作業そのものは単純です。正しい解き方の鍵を握るのは最初の1手です。もしもnが偶数なら、2個の輪をはずさなければなりません。nが奇数であれば、1個だけはずします。プロセスはハノイの塔の解法に含まれるものと似ていて、事実、エドゥアール・リュカが二進演算でエレガントな解を見つけています。

古くからある数学を利用した気晴らしの多くがそうであるように、チャイニーズリングの起源は謎です。19世紀の民族学者ステュアート・キューリンによれば、このパズルは2世紀に中国の軍師・諸葛亮が戦で遠征する際、家に残る妻の寂しさをまぎらせるために作って贈ったとされています。ヨーロッパの文献に記された最も古い例のひとつは、1500年頃にイタリアの数学者でフランシスコ会修道士のルカ・パチョーリが書いた手稿『*De Viribus Quantitatis*（数の力について）』です。第107問に、「いくつかの小さな輪とつながった小さな棒をはずしたりはめたりする、難題」という説明が付されています。同じイタリアのジェローラモ・カルダーノ（ヨーロッパで初めて負の数について書いた人物、第4章の三次方程式の解の話も参照）も、1550年出版の著書『*De Subtililate*（精妙さについて）』の中でこのパズルについて長々と言及しており、そのためヨーロッパではこのパズルが「カルダーノの輪」とも呼ばれます。17世紀末頃までに、このパズルはヨーロッパの多くの国で人気になりました。フランスの農民は収納箱の鍵としてこれを使い、baguenaudier（バグノディエ）（「時間を浪費させるもの」の意）と呼びました。

これほど多くの数学パズルが中国由来と言われている理由ははっきりしません。昔は、ありきたりの生まれ方をしたパズルに極東発祥という話をくっつければ、エキゾチックで謎めいた雰囲気が加わったのでしょう。「ニム（Nim）」という数学ゲームは（いろいろなバージョンがありますが）、たしかに中国の捡石子（チエンシーヅー）（jiǎn-shizi）という石取りゲームに似ています。もっとも、ニムという名前は20世紀の初めにハーヴァード大学の数学准教授だったチャールズ・バウトンが付けました。彼はこの名前を古英語の「盗む、取り去る」を意味する単語から採り、1901年にニムの必勝法の証明を含む総合的な分析を発表しました。ニムは、何かを積み重ねた山や並べた列を2つ以上作り、2人のプレーヤーが交互に、積んである（並べてある）物をいずれかの山（列）から1個以上取り去っていくゲームで、最後に残った物を取った方が勝ちです。あるゲーム形式ではマッチを1本、2本、3本、4本、5本並べた5つの列を作り、プレーヤーがいずれかの列から1本以上のマッチを取ります。

1940年に、ウェスティングハウス・エレクトリック社が世界初のニムをプレーするコンピューター「ニマトロン」を作り、ニューヨーク万国博覧会で展示しました。重さ1トンの巨躯を持つニマトロンは来場者や係員を相手に10万回の対戦をこなし、90%の勝率をあげました。ニマトロンの敗戦の大部分は、機械を信じたくない見物客に「機械も負けることがある」という安心感を与えるため、わざと負けるよう係員が操作したためでした。1951年にはニムをプレーするロボット「ニムロッド」が英国博覧会で披露され、その後ベルリンの見本市でも展示されました。ニムロッドの人気は絶大で、見物客は同じ展示室の反対側で無料の飲み物を提供していたバーには目もくれなかったそうです。ついには人混みを整理するために地元の警察が動員されたほどでした。

難易度の点では、娯楽のための数学の世界で一般の人々に提供された最難問のひとつとして「エタニティ・パズル」が挙げられます。このパズルは209個のピースから成ります。各ピースは正三角形とそれを半分にした直角三角形を組み合わせた形で、すべて形が違いますが、どれも正三角形6個ぶんの面積を持っています。ピースを全部使って、三角形の格子で区切られたほぼ正十二角形のパネルを隙間なく埋めれば完成です。1999年6月にこのパズルが発売された際、考案者のクリストファー・モンクトンは正解はただひとつだと考えていました。そこで、2000年9月になったらその時点までに寄せられた解答例を開示し、最初に正しい解を示した者に100万ポンドの賞金を贈ると発表しました。事前にコンピューターでもっとピースの少ないバージョンの解答を探した彼は、エタニティのサイズであれば難攻不落だと確信していました。けれども、コンピューター2台を駆使したアレックス・セルビーとオリヴァー・リオダンというイギリスのふたりの数学者が賞金を手にします。彼らは2000年5月15日に正しい充填例をモンクトンに送り、その6週間後に別のパズル愛好家が別の正解を発見しました（他には正解者はいませんでした）。

セルビーとリオダンは早い段階で驚くべきことを発見しました。エタニティのようなパズルでは、ピースの数が増えるほど解くのが難しくなりますが、あるところまで増えると難易度がピークに達するのです。ピークはおよそ70ピースの時で、ほとんど解くのが不可能です。ところが、それよりピース数の多いパズルでは正解の数が増えていきます。209ピースのエタニティには、少なくとも10^{95}通りの解があると考えられています。宇宙に存在する原子の数（10^{80}程度）よりもずっと多い一方で、実際には解決策ではない無駄な並べ方の数がこれよりはるかに多数あります。エタニティパズルは、しらみつぶし探索で解くには大きすぎますが、パネルのどの形の部分が一番簡単に埋まり、どんな形のピースが最も容易にはまるかを計算に入れた賢い方法を使えば解けるレベルの大きさです。セルビーとリオダンは探索アルゴリズムを徐々に改善し、正解ではない並び方の大部分を刈り込むことに成功しました。そして、いくらかの幸運にも恵まれて正解に行きあたり、賞金を手にしたのです。

数学パズルの多くはただ楽しむために作られていますが、簡単な問題文でありながら、数学の画期的な発展を導いた問題が数例ほどありました。一番有名なのは、第1章でも取り上げたケーニヒスベルクの橋の問題です。レオンハルト・オイラーによるこの問題の解決——解がないことの発見——は、グラフ理論の誕生につながり、トポロジーの初期の重要なステップとなりました。長年答えが出なかったもうひとつの難問に「四色問題」があります。どんな地図でも、隣り合う地域が同じ色にならないように塗り分けるには4色あれば足りることを証明する——あるいは、4色では足りないと反証する——問題です。特定の地図について4色で塗れることを示すのは容易ですが、あらゆる可能性を網羅したすべての地図パターンについての証明となると、恐ろしく困難です。ついに証明が発表されたのは1976年のことでした。イリノイ大学のケネス・アッペルとヴォルフガング・ハーケンによるその証明は、コンピューターが大きな役割を果たした史上初の証明でもありました。四色問題をさらに広範囲に一般化した問題が1943年にスイスの数学者フーゴ・ハドヴィガーによって提示されており、こちらは今もグラフ理論における最大の未解決問題のひとつとして残っています。

さきにソーマキューブの考案者として紹介したピート・ハインは、1942年に四色問題を考えていた時、新しいボードゲームを思い付きました。そのゲームはデンマークで「ポリゴン」の名で人気になります。数年後、まったく独自に同じ着想を得たのがアメリカの数学者ジョン・ナッシュでした。ナッシュはゲーム理論の第一人者で、後に伝記とそれに基づく映画『ビューティフル・マインド』で半生が描かれることになる人物です。ナッシュが作ったゲームの方はプリンストン大学をはじめアメリカの多くの大学で数学を学ぶ学生たちによってプレーされ、やがて「ヘックス」という名でパーカー・ブラザース社から発売されました。世界的にはこちらの名前で知られています。マーティン・

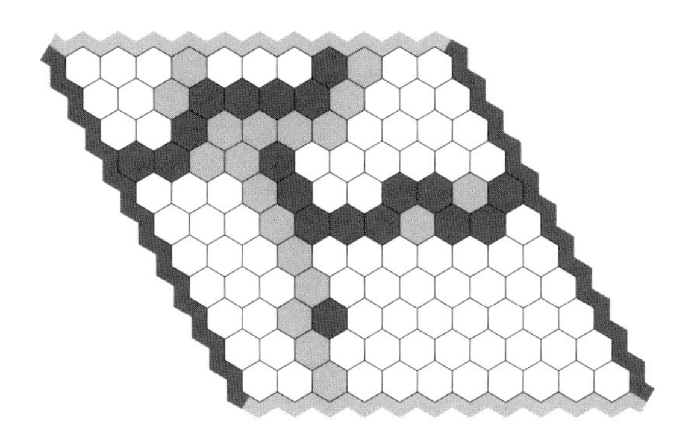

ヘックス。プレイヤーは六角形のマスに交互に1個ずつ自分の色の石を置いていき、自分の色の辺から対辺まで、先につないだほうが勝ち。

ガードナーのコラム「数学ゲーム」で1957年にヘックスが紹介されると、多くの数学者がゲーム理論の研究テーマとしてこれを取り上げました。ヘックスがボードのサイズにかかわりなく決して引き分けにならず、先手のプレーヤーに必勝の戦略があることを証明したのはナッシュ本人です。

ヘックスでもチェスでも、マンカラ（アフリカから中近東、東南アジアにかけて古くから遊ばれているゲーム）でも、はたまた三目並べ、あやとり、迷路やロジックパズル、フレクサゴン（紙を折って作られていて、たたみ替えることで色の違う面が出てくるパズル）、折り紙、さらには三つ編みまで、私たちがやっているのは数学的なことです。美術や音楽にさまざまな形があるのと同じく、数学もまたたくさんの顔を持っています。無味乾燥で難しいだけの科目だと思われがちな数学ですが、実は大違いで、陽気で楽しく、人間臭いところがあって、私たちは——知らぬ間に——ただ楽しむために数学をやっていることがよくあるのです。

第12章

奇妙で素敵な形のあれこれ

奇妙さはすべての美に必要な香味料である。
——シャルル・ボードレール

アメリカのジョゼフ・ポートニーは、1968年に新しいナビゲーション装置をチェックするエンジニアとして空軍のKC-135輸送機に搭乗し、北極上空を飛んでいました。眼下に広がる氷原を眺めていた時、彼の頭に変わった考えが浮かびました。「もし地球が違う形だったら？　地球が円筒形やピラミッド型やトーラス（環状体）だったら、海や大陸や島々や極冠の配置はどうなるだろう？」 帰宅した彼は12種類の仮想地球をスケッチして短い説明文を付け、勤務していたリットン・ガイダンス＆コントロール・システムズ社のグラフィックアート部門にモデル作りを依頼しました。出来上がったモデルは写真撮影され、リットン社の印刷物「1969年 パイロット＆ナビゲーター・カレンダー」に使われました。各月ごとに異なる形の仮想地球が紹介されています。このモデルは国際的に大きな反響を呼び、複数の賞が贈られ、熱烈なファンレターも届きました。

ポートニーと同様の図形と幾何学への熱意は、はるか昔から数えきれない人々が抱いてきました。これまでに発見された図形を集めれば、多種多様な線、面、立体、高次元図形の感嘆すべき“博物館”ができあがります。そのなかで実際に物体として作れるものはほんの一部にすぎません。残りは現実世界では実体化できず、あらゆることが数学的に可能な思考世界にのみ存在します。

なかには、想像したり描写したりするのは難しくないのに、なんだか奇妙な性質を持っている図形もあります。その一例が、「ガブリエルのホルン」あるいは「トリチェリのトランペット」と呼ばれる図形です。後者の名前は、17世紀前半にこの図形を最初に研究したのがイタリアの物理学者・数学者エヴァンジェリスタ・トリチェリだったことに由来します。若きトリチェリはフィレンツェに近いアルチェトリにあったガリレオの家で弟子として学び、ガリレオの死後は師の後を継いで、共通の友人にしてパトロンたるトスカーナ大公に数学者・哲学者として仕えました。水銀気圧計の発明で知られるトリチェリですが(第2章参照)、数学にも重要な貢献をしており、このホルンの発見はそのなかでも最大の業績です。ガブリエルのホルンは無限の性質について激しい論争を生む一方、人を楽しませもしました。トリチェリと同じイタリア人の数学者ボナヴェントゥーラ・カヴァリエーリは次のように書いています。

> あなたの手紙を、熱と痛風で寝込んでいる時に受け取りました。(…)しかし、病気にもかかわらず、私はあなたの精神が生み出した美味なる果実を楽しみました。無限に長い双曲体が3次元の有限な物体に等しいということは、無限の称賛に値すると思ったからです。それについて私の哲学の教え子の幾人かに話したところ、彼らもまた、これが真に驚嘆に値しこのうえなく特別であると同意しました。

ガブリエルのホルンは、$y=\frac{1}{x}$ のグラフ(直角双曲線)の、xが1以上の部分についての回転面です。回転面というのは、ある軸を中心として線を回転させた時に作られる面のことです。たとえば、球面は、円をその直径を軸とし、その軸を中心にして回転させるとできる回転面です。ガブリエルのホルンは、$y=\frac{1}{x}$ の $x\geqq 1$ の部分をx軸を中心に回転させた時に生み出されます。トリチェリは、このホルンが有限な体積を持ち、その体積はπに等しいこと、それにもかかわらず表面積は無限大であることを発見して、驚愕しました。無限の表面積で有限の体積を持つことが、いったいどうして可能なのでしょう？　トリチェリは、実は表面積も有限だと証明できないかとさまざまな方法を試みましたが、いずれも失敗に終わりました。

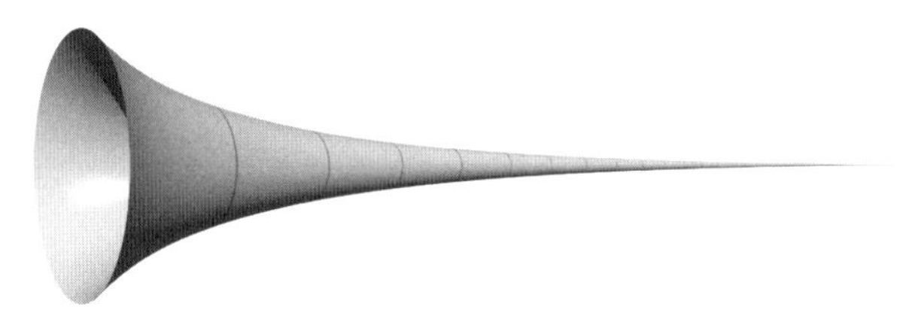

ガブリエルのホルン

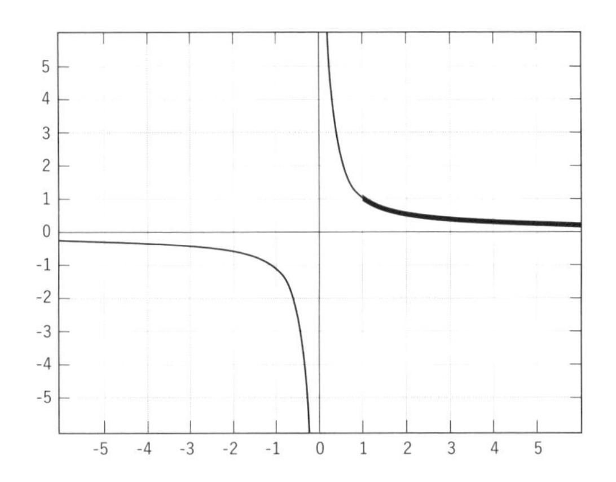

$y=\frac{1}{x}$ のグラフ。太い線で描かれているのが$x \geqq 1$の部分。

このなんとも居心地の悪い状態は、いわゆる「塗装工のパラドックス」をもたらします。体積が有限なガブリエルのホルンは中をペンキで満たすことができそうに思えるのに、そのペンキで無限に広がる面をすべて塗りつぶすことはできない、というパラドックスです。たしかに、有限な量のもので無限に大きなものを覆い尽くすことは不可能です。しかし、ガブリエルのホルンがペンキで満たされているのであれば、内側の面を塗るには十分な（そのうえで大量に余るくらい）ペンキが入っているに違いありません。原子や分子でできた本物のペンキを使う場合は、その通りです。ガブリエルのホルンはどんどん細くなっていき、ある点を超えるとペンキの分子が通れないほど狭い管になります。そうすると、ペンキは面の有限な部分だけに付着します。また、仮に原子が球状だと仮定すると、原子は面と1点のみで接触します。すると、ペンキが面を「覆う」とはどういう意味なのかがあやふやになってきます。もしも、物理的なペンキでホルンを満たすという現実世界の状況を論じるのなら、ホルンそのものも物理的な存在として扱わなければなりません。特に重大なのは、そのような考え方をすると、どんどん細くなっていくホルンの管がある時点で原子や分子の幅よりも狭くなることを意味する、という点です。“物理的なホルン”はそこが終点で、体積も面積も有限になります。

真の（数学的な）ホルンは、トリチェリを当惑させたとおりのものです。彼の発見の話が広まるにつれ、他の人々はそれが意味する内容に驚き、不思議がりました。「完成された無限」つまり「実無限」が存在するのではないかということを、これまで以上に示唆していたからです。実無限とは、この場合で言えば最初から真に無限の長さを持つ図形のことです。それと対比されるのは、「可能無限」という、単に限りなくどこまでも続いていく図形です〔無限の話は、前著『天才少年が解き明かす奇妙な数学！』の第10章でも取り上げられています〕。ホルンについて発言した人々の中には、イギリスの哲学者トマス・ホッブスもいました。彼の考える無限と、トリチェリの無限がうまく一致しなかったのが理由でした。

現在の知識から振り返って見ることのできる私たちは、特殊な数学的ペンキ（必要に応じて限りなく薄く塗ることができる）を使えば、トリチェリの時代に数学者や哲学者を悩ませた塗装工のパラドックスは決して生じないと理解できます。どこまでも拡大しつづける面積と同じように塗膜は限りなく薄くなることができ、有限な体積のペンキで無限に広い面を塗ることが可能になるのです。残念ながらトリチェリは微積分学が登場する少し前に世を去ってしまいました。もっと長生きしていれば、一見するとパラドックスに見えるホルンの問題は「無限小」と呼ばれる無限に小さい量を使えば説明可能だと理解できたはずです。

ガブリエルのホルンには、負の曲率を持っているという面白い特徴もあります。そのためこのホルンは、「擬球」のような他の興味深い曲面と同じカテゴリーに属します。擬球は、名前からもわかるように、球と密接に関係していま

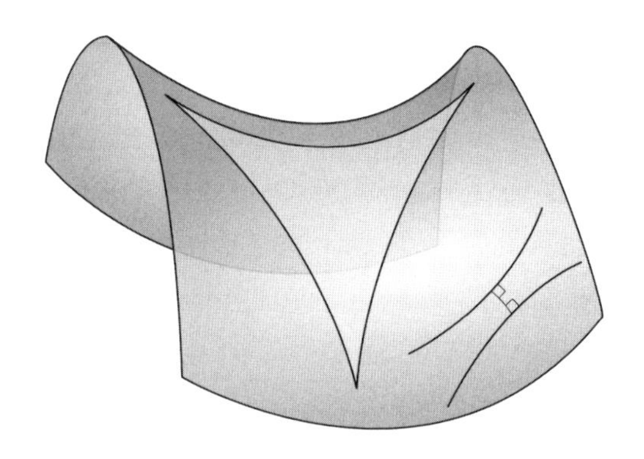

負の曲率を持つ図形の表面では、三角形の内角の和は180°よりも小さく、平行線として出発した2本の直線は次第に離れていきます。

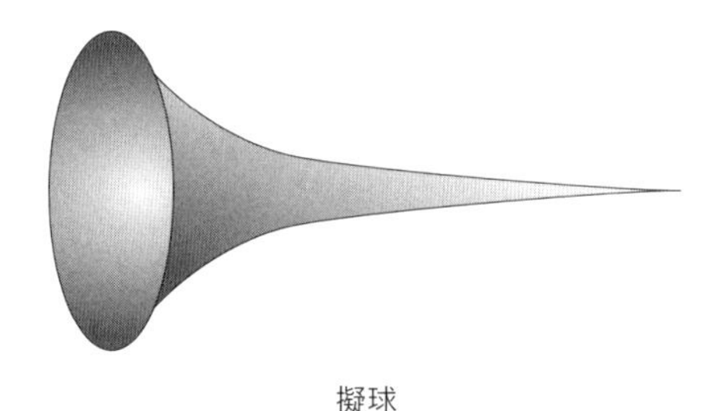

擬球

す。球と擬球を分かつのは、それぞれが持つ曲率の性質です。球面は、どこでも曲率が正です。言い換えるなら、球面は接平面と呼ばれる平面（球の表面のいずれかの1点で、その球に接している平面）に対して、つねに同じ側にあります。対照的に、鞍型のように、接平面から異なる2方向に向かって離れていくように面が曲がっている時、その面は負の曲率を持っています。球はあらゆる場所で曲率が正なだけでなく、その曲率はつねに$+\frac{1}{r}$（rは球の半径）という**一定の**値です。擬球はその正反対で、どこでも$-\frac{1}{r}$という一定の負の曲率を持っています。rの値が同じであれば、球と擬球の容積は同じです。けれども、球は閉じた面で有限の面積を持ち、擬球は開いた面で有限の面積を持つところが違います（擬球はガブリエルのホルンよりも急速に細くなるため、その面積はガブリエルのホルンのように無限にはならず、有限です）。擬球の曲率が負であることから生じるもうひとつの結果は、擬球の表面に描いた三角形の内角の和が180°よりも小さくなることです。一方、球の表面に描いた三角形の内角の和は180°よりも大きくなります。

球も擬球も、面の幾何学はエウクレイデス（ユークリッド）の幾何学の法則に従っていません。ユークリッド幾何学は平面にのみあてはまるものだからです。球と擬球はどちらも非ユークリッド幾何学の例で、球の場合は球面幾何学あるいは楕円幾何学、擬球の場合は双曲幾何学の領域に属します。アルベルト・アインシュタイン以降の科学者は、私たちが生きている空間はそこに含まれるものによって――つまり物質とエネルギーによって――曲げられているという事実を認めています。けれども、宇宙全体の形はまだわかっていません。宇宙の形は、宇宙に含まれる物質とエネルギーの平均密度によって決まります。球のような形かもしれないし、擬球に似ているかもしれないし、平面的かもしれません。現在利用できる最も良い観測データは、宇宙がほとんど真っ平らであると示唆しています。それが本当なら、宇宙は永遠に膨張しつづけることになります。

ガブリエルのホルンは $y=\frac{1}{x}$ の曲線のうち$x>1$の部分を回転させた時にできる面でした。擬球はトラクトリックス（別名追跡線、牽引線など）という曲線を、その曲線が無限に近づいていく（ただし決して接することのない）軸を中心として回転させた時に作られる曲面です。トラクトリックスは、フランスのクロード・ペローが提示した問いへの答となる線です。ペローは偉大な数学者ではありませんでしたが、医学を学び、建築家・解剖学者としてそれなりの名声を得ました。ラクダを解剖した際に感染した病原体が原因で亡くなるという、珍しい死に方をしています。トラクトリックス関連以外では、『シンデレラ』や『長靴をはいた猫』を発表したシャルル・ペローの兄として知られます。1676年、ドイツの数学者・博学者のゴットフリート・ライプニッツが微積分学で画期的な発見をしていたのと同じ頃、ペローは懐中時計を四角いテーブルの中央に置き、チェーンの端をテーブルの縁に沿って引っぱって、こう問いました。「引っぱられた時計はどんな軌跡を描くだろうか？」

知られている限り、ペローの問いへの最初の正解は、1693年にオランダの物理学者・天文学者・数学者クリスティアーン・ホイヘンスが友人に送った手紙の中に書かれています。「牽引されるもの」を意味するラテン語の*tractus*（トラクトゥス）からトラクトリックス（tractrix）という名前を作ったのもホイヘンスです。（ドイツ語ではこの種の図形をあらわす単語としてHundekurve（フンデクルヴェ）があり、直訳すると「犬曲線」になります。主人が引くリードに従って犬が歩く道筋を想像すれば、なぜその名前なのかがわかるでしょう。）

トラクトリックスと密接に関係した別の興味深い曲線に、鎖の両端を持ってぶら下げた時にできるカテナリー（懸垂線）があります。実際、カテナリー（catenary）の語源はラテン語で「鎖」を意味する*catena*（カテナ）です。鉄塔の間に張られた電線も、均一な磁場の中で動く電荷が描く軌跡も、カテナリーになります。トラクトリックスは、カテナリーをもとにするととても簡単に描けます。まず、カテナリー上の1点に1本の紐の片方の端を固定したところを想像して下さい。紐のもう片方の端をひっぱり、カテナリーに固定されている点において紐がカテナリーの接線になるようにします。次に、紐をピンと張ったまま、紐がカテナリーの線に重なるように、固定されていない方の端を動かします。その時に、固定されていない方の端が描く線がトラクトリックスになります。もし円の1点に紐を固定して同じようにすると、端はある種のらせんを描きます（杭に紐でつながれたヤギが、紐をピンと引きながら杭の周りを同じ方向にぐるぐる回ると最後には中心にきてしまう様子を想像するとわかりやすいでしょう）。どちらの場合も、得られる曲線はもとの曲線の「伸開線」と呼ばれます。

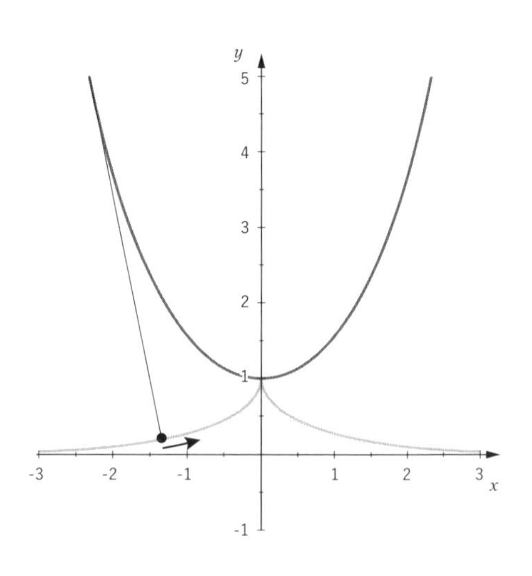

カテナリーの伸開線としてのトラクトリックス

カテナリーを水平軸の周りに回転させると（ただしカテナリーは水平軸より上にあり、水平線とは接しも交わりもしないとします)、今度は「カテノイド」という面白い形ができます。スイスの数学者レオンハルト・オイラーが1740年に最初に論じたこの図形は、最も古くから知られている極小曲面——空間を曲線で区切って閉じた曲面を作る時にその面積が極小となる(必ずしも最小とは限らないが、極小となる曲面を少し変形すると面積が大きくなる)図形——です。また、極小曲面でかつ回転面でもある唯一の例です。さらに、カテノイドは同一軸上に中心点を持ち直径が異なる2個の円をつなぐ場合の極小曲面でもあります。カテノイドを作るひとつの方法として、第10章で見たように、針金で円形の輪を作り、2つの輪をくっつけてシャボン液につけて引き上げた後、輪同士を徐々に離していく手があります。

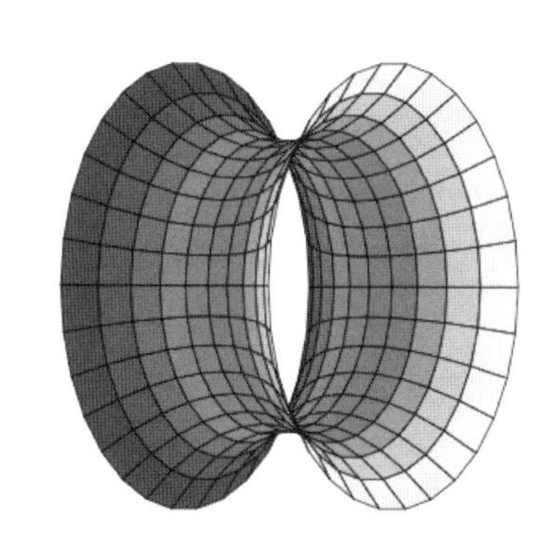

カテノイド

すべての回転面のうちで最も驚きに満ちた形が「スーパーエッグ」で、デンマークの詩人で科学者のピート・ハインが名付けて広めました(ハインはソーマキューブというパズルの考案者として第11章でも登場しました)。スーパーエッグは、超楕円と呼ばれる図形——通常の楕円と角丸長方形の中間に位置する図形——のうちのある1種類を回転させると生まれます。普通の楕円形の方程式は $(\frac{x}{a})^2+(\frac{y}{b})^2=1$ で、aは楕円の長径の半分、bは短径の半分の長さです。19世紀にフランスの数学者ガブリエル・ラメが、より一般化された方程式 $|\frac{x}{a}|^n+|\frac{y}{b}|^n=1$ で描かれるさまざまな曲線を研究していました。この場合のnは0よりも大きな数で、式の中の縦線は、2本の縦線にはさまれているのが「絶対値」(正負の記号を無視した値)であることをあらわします。この曲線のグループは、後にラメ曲線と呼ばれるようになります。楕円形は、$n=2$の時のラメ曲線です。$n=\frac{2}{3}$の場合のラメ曲線は、アステロイドと呼ばれる、4つの尖った部分を持つ星形になります。nが2よりも大きい場合のラメ曲線は、すべて超楕円と呼ばれます。スーパーエッグは、$n=2.5$、$\frac{a}{b}=\frac{6}{5}$の超楕円の回

転面です。この形がどう不思議なのかは、実物を物理的物体として――たとえば木で――作った時に明らかになります。ピート・ハインが指摘したことですが、スーパーエッグを立たせると、意外なまでの安定性を示します。あまりに安定しているので、これで遊ぶとある種の癒し体験のような満足感が得られるほどです。1960年代には金属や木やその他の素材で作ったスーパーエッグが面白いアイディア商品として売り出され、特に小ぶりで金属製の製品は、クリエイティブな発想を引き出したりリラックスさせる効果のある高級玩具としてよく売れました。現在でもピート・ハインのウェブサイトで注文すれば、「柔らかいカーブと冷たいステンレスの感触が相まって、ストレス解消や手すさびに最適」なステンレス製スーパーエッグと趣味の良いグレーの革袋のセットを手に入れられます。1971年には、グラスゴーのケルヴィン・ホールでハインが講演を行った記念に、ホールの外に鋼鉄とアルミ製の「世界最大のスーパーエッグ」（重さ1トン）が作られました。

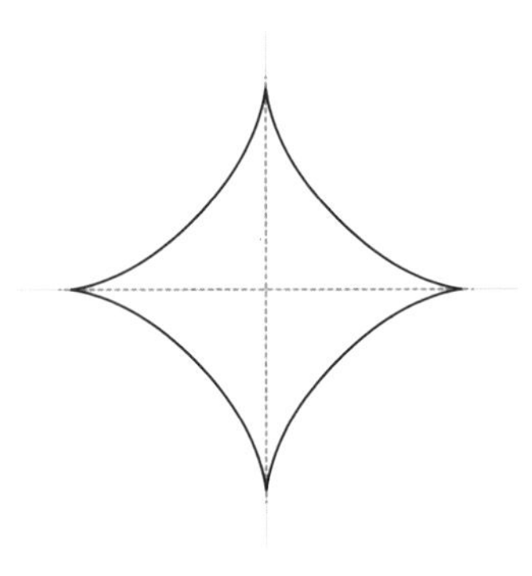

アステロイド

スーパーエッグの歴史は、1959年までさかのぼります。ストックホルムの都市計画担当者たちは、市内で一番中心的な公共広場であるセルゲル広場のリニューアルを考えていました。モニュメントの周囲に噴水を配し、その外側をラウンドアバウト（環状交差点）にすることが決まっていました。噴水を配置する部分の形についてプロジェクトの設計主任が友人のピート・ハインに相談したところ、ハインは1分も考えることなく「連続的に変化する曲線図形」――上述の方程式で生み出される超楕円――を提案しました。ハインはその後、その特殊な超楕円を立体化し、スーパーエッグとして販売します。この卵は人気を集め、彼にとって「金の卵」になりました。

超楕円の晴れ舞台は、スウェーデンの首都にあるラウンドアバウトの中央部分にとどまりませんでした。1960年代のスカンジナビアでは超楕円形のテーブルが「時代を象徴するテーブル」としてもてはやされました。ベトナム戦争で対立する両陣営がパリで会談する際にテーブルの形でもめ、最終的に超楕円のテーブルに落ち着いたという逸話もあります。もっとスケールの大きい例としては、1968年にメキシコシティで開かれたオリンピックのメインスタジアムが超楕円形です。

カーブした面でできていて、平らな所に置いた時に必ず同じ状態で止まる物体を作るのは簡単です。底に重りを入れておけばいいのです。スーパーエッグが特別でしかも楽しいのは、素材の密度はどの部分もまったく同じで、偏りも仕込みもないのに、いつでも必ず同じように立つところです。スーパーエッグ以上に驚異的な安定性を示す形で、世界で最も変わっていると言われる物体もあります。名前からして奇妙で、ゴンボックないしゴムボック（gömböc）といいます〔ハンガリー語の発音ではゴンボッツ〕。語源はハンガリー語で球をあらわすgömbで、この図形が球に似た性質を持っていることに由来します。ゴンボックのような存在を最初に予想したのはロシアの数学者ヴラジーミル・アルノールト（ウラジーミル・アーノルド）で、1995年のことでした。その図形は、3次元均一凸物体（どこをとっても材質が同じで密度も均一な、へこみのない物体）で、平面上に置くと安定した平衡点と不安定な平衡点をそれぞれ1個ずつ持つ、と定義されます。別の言い方をすると、その物体を平らな面に置いた時、後で述べる唯一の例外を除いたあらゆる置き方の場合には、ただひとつの安定した平衡点に至るまで動きつづけます。唯一の例外は不安定な平衡の状態で置いた時で、静止していますが、ちょっとでも力が加わった途端に転がり、やがて安定した平衡点で止まります。そのような図形が神話上の魔物ではなく現実世界に存在しうること、異なるいろいろな形がありうることは、2006年にハンガリーの数学者・技術者のガーボル・ドモコシュとその教え子の学生、ペーテル・ヴァールコニによって証明されました。

パッと見たところ、ゴンボックはそれほど変わっているように思えません。ゆったりした曲面の底部から、カーブした稜線のような頂上部に向かって、比較的平らな側面が立ち上がっています。曲面の底部を下にしておくと、ゆらゆらと前後に揺れ、やがて安定点で止まります。平らな面を下にして置いても、動いてやはり最後は安定点に至りますが、よりスローな、まるで生きているよ

ゴンボック

うな動きをします。ゆっくりした前後の揺れに続いて一時的に止まったように見え、続いて速く回るように振動して、安定した平衡点にたどり着くとそれが終わり、静止します。

ゴンボックは今では多くの業者が販売していますが、決して安くはありませんし、ひとりでに安定して立つ性能は、どれだけ細心の注意を払って製造されたかと、どんな素材で作られているかに左右されます（材料が重いほど効果的だという傾向があります）。たとえば、手で持てるサイズのゴンボックを正しく機能させるには、各部分の寸法の誤差を100分の1ミリ（髪の毛の太さの10分の1）未満に抑えなければなりません。『ニューヨーク・タイムズ・マガジン』は、2007年の「最も興味深いアイディア・ベスト70」のひとつにゴンボックを選びました。さらなる栄光は数年後に訪れ、ゴンボックはBBCテレビの人気クイズ番組『QI』に登場します。観客席にはガーボル・ドモコシュも座り、司会のスティーヴン・フライがゴンボックの不思議な動きを実際に見せ、どのようにして生み出されたかや、リクガメの甲羅の形との関係について紹介しました。

リクガメは、ケンカの際やそうでなくても何かの拍子に仰向けにひっくり返ってしまうと、かなり困ったことになる生き物です。生き延びられるかどうかは、自力でもとの体勢に戻れるかどうかにかかっています。一部のリクガメやウミガメ——特に甲羅がわりあい平らな種——は長い脚と首を持っていて、それをてこにして起き上がります。けれども、甲羅がヘルメットのように丸くて高さがある種には、別の戦略が必要です。ドモコシュとヴァールコニはゴンボックの画期的な形にたどり着いた後、ブダペスト動物園で1年かけて多様なリクガメの甲羅の形を測定し、分析しました。その結果として生み出されたのが、ゴンボックの幾何学から見たリクガメの体形と起き上がり能力についての説明でした。この説はいまだに議論の対象ですが、一部の生物学者には受け入れられています。

他にも、形状と回転を組み合わせて安定性を実現している形がいろいろあり、中には長い歴史を持つものも含まれています。そのうち特に面白い例として、何千年も前から知られ、古代エジプトからケルト文化まで多様な文化においてそれぞれ異なる名前で呼ばれてきた形を見てみましょう。「ラトルバック」「セルト」「ウォブルストーン」などの名を持つその形はボートに似ていて、底は曲面、上から見るとおおむね細長い楕円形です。ラトルバックは、ある方向に回転させると、数回スピンしたところで両端が上下に振れ、それから逆方向に回りはじめます。最初から逆の向きに回すと、そのまま回りつづけてやがて止まります。この不思議な挙動は、底部の形が完全なシンメトリーになっていないことが原因です。片側がもう一方よりも高いのです。

また、数学者、物理学者、エンジニアが揃って関心を寄せていて、その性質の中核にやはり回転がある、そんな図形もあります。仮に、ものを乗せて運ぶためのローラー（ころ）として使える2次元の形をあなたが必要としているとします。その図形は回転中の縦幅が一定でなければなりません。さもないと、ローラーの上に乗っているものが回転中に上がったり下がったりしてしまうからです。言うまでもなく、円なら問題なく適合します。「この条件に合う図形は円だけだ」と思う人も多いかもしれません。ところが、驚くなかれ、他にも条件を満たす図形はあります。最もシンプルなのが、ドイツの機械工学者フランツ・ルーローにちなんで命名された「ルーローの三角形」です。ルーローは、あるタイプの動きを別のタイプの動きに変換する機構を組み込んだ機械をいくつも開発した人でした。ルーローの三角形を描くには、正三角形の頂点を中心とし、

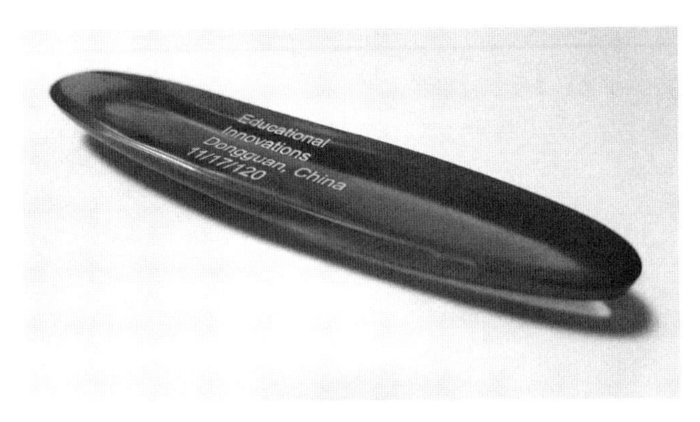

ラトルバック

残りの2つの頂点を通るように円弧を描きます。3つの頂点すべてでこの作業をすると、正三角形の辺が外側に膨らんだような、どの部分の幅も同じ図形になります。ルーローの三角形は円と同じくらいうまくローラーとして機能します（車輪には不向きです。車輪は直径だけでなく半径も一定でないと困るからです）。

ルーローの三角形は、幅が一定なあらゆる曲線図形と同じく、マンホールの蓋として使えます。マンホールの蓋の最も重要な要件は、ずらしたりはずしたりした蓋が決して穴の中に落ちないことだからです。正方形の穴に正方形の蓋だと、落ちてしまいます〔ただ、実際にルーローの三角形をマンホールの蓋にした例はないようです〕。ルーローの三角形の最も独創的な用途は、ドリルビットです。ペンシルヴェニアに本社を置く工具メーカーのワッツ・ブラザース社がルーローの三角形を利用して開発したドリルは、ほぼ正方形に近い穴をあけることができます！　穴の4辺の部分は完全な直線になり、四隅だけは丸くカーブします。これは、ルーローの三角形の尖った部分の角度が120°で、正方形の角（かど）に完全には入らないからです。

ルーローの三角形と同様の方法は他の正多角形にも使え、たとえばルーローの五角形、ルーローの七角形などを作れます。ルーローの七角形はイギリス人にはおなじみです——20ペンスと50ペンスの硬貨の形だからです。多角形コインがカーブした辺を持ち、どこも同幅になっているのは、自動販売機にどの向きで入れてもスムーズに入っていくことと、丸い硬貨よりずっと偽造しにく

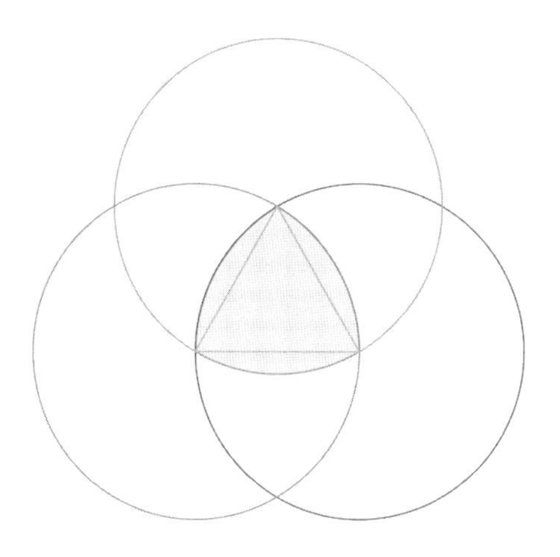

ルーローの三角形（グレーの部分）。正三角形と3つの円で作ることができます。

いことが理由です。

3次元で不思議な転がり方をする図形には、1979年にイスラエルの玩具発明家ダヴィッド・ヒルシュが発見した「スフェリコン」があります。ルーローと同様、ヒルシュの目的も特定のタイプの動きをするものを作ることでした。彼の場合は、揺れながらよたよたと動くプル・トーイ（車輪付きの動物や乗り物に紐が付いており、引っぱって遊ぶタイプのおもちゃ）を作りたかったのです。彼は1980年に特許を申請し、翌年にはアメリカのプレイスクール社という知育玩具メーカーが、彼の発明をもとにした「ウィグラー・ダック（ひょこひょこアヒル）」を売り出しました。アヒルのおもちゃの車輪にスフェリコンが使われています。

スフェリコンを作るには、まず、頂点の角度が90°の直円錐（底面の中心と頂点を結ぶ線が底面に対して垂直な円錐）を同じ大きさで2つ作ります。次に、2つの直円錐の底面同士を貼り合わせて双円錐にします。頂点が直角なので、真横から見ると正方形に見えます。そこで、両方の頂点を通る平面でこの立体を縦半分に切ります。正方形の断面を持つ、同じ形のものが2つできます。肝心なのは次のステップです。半分に切った図形の片方を90°回転させて、切り口同士を再び接着します。さあ、出来上がり。あなたが手にしているのがスフェリコンです。

この形にはいくつか変わった特性があります。普通の円錐や双円錐は円を描いてころがりますが、スフェリコンはそれとは違って、ぐらぐらと左右に振れながら転がって、全体としては直線的に進んでいきます——とはいっても、もともと円錐形だった面を持っているため、完璧な直線ではなく、いくらかカーブした波状の軌跡を描きます。スフェリコンが2個あったら、互いの上を平らな面と同じように転がるところを見られます。1個のスフェリコンの周りを8個のスフェリコンで囲むと、すべてが中央の1個と同時に転がります〔興味がある方は「Rolling Sphericon」で動画を検索してみて下さい〕。

さて、ここまでで取り上げた形はどれも、かなり変わってはいても実際に作れるか、少なくとも近似的なものを作ることはできました。たしかに、無限に続くガブリエルのホルンや擬球を完全な形で作ることはできませんが、有限な模型を作り、それが永遠に伸びていると想像することはできます。ところが、あまりに奇妙であったり、とんでもない性質を持っていたりして、物理的な形に落とし込んで本質を伝えることが不可能な数学的図形もあるのです。そうした異端の数学図形の例として、「病的な（pathological）」図形と呼ばれるものたちがあります。「病的」という名前がついているのは、直観に反する性質をしばしば持っていることによります。なかでも最も奇妙なのが、「アレクサンダーの角付き球面」という構造です。

1920年代初めにこの図形について最初に発表したプリンストン大学の数学者ジェイムズ・ワデル・アレクサンダー（第8章も参照）にちなんで名づけられたこの角付き球面は、トポロジー（位相幾何学）で「野性的な」構造と称されるものの一例です。アレクサンダーの角付き球面は、内側は（少なくともトポロジー研究者の目から見れば）球と何ら違いません。どういう意味かというと、至るところがつながっていて、その気になれば壊したり破ったりせずに変形させて普通の球面に戻すことができるということです。ところが、外側はまったく話が違います。角が問題になるのはここです。角付き球面の外側は、連結した2個の輪のペアがどんどん半径を小さくしながら再帰的に無限に続くことで形成されています。角の先に角がありその先にまた角が……というふうにして永遠に続きます。内側は単一の球面でありながら、外側は無限に複雑化するという奇妙な形なのです。どの角も、根元に輪ゴムをはめると、無限の手順を尽くしても輪ゴムをはずすことはできません。角付き球面を実際に作ることは不可能ですが、アメリカの彫刻家ギデオン・ワイスが近似的な構造を何点も作っています。

古代ギリシャの偉大な思想家であるプラトンの哲学では、後に彼にちなんで「プラトンの立体」と呼ばれるようになる図形（正多面体）のうち4種類が、古代の四大元素と結び付けられていました。立方体は土、正八面体は風、正四面体は火、正二十面体は水、という関連付けです。プラトンの立体にはあとひとつ正十二面体がありますが、これは「エーテル」とか「第五元素」と呼ばれる天空の元素と、もう少しゆるい結びつきを持っていました。後にヨハネス・ケプラーは、当時知られていた5つの「地球以外の惑星」に、5種類のプラトンの立体を結びつけました。今では私たちの科学的世界観ははるかに進歩しましたが、幾何学図形と基本的物理学の間の深い結びつきを考察する余地はまだ残っています。驚くべきことに、理論家たちは最近になって、アンプリチュヘドロンと呼ばれる多次元物体（たくさんの面を持つようカットした宝石に似た図形）の体積が、素粒子が別の素粒子に変わったり、衝突したりするなどの相互作用が起こる確率を計算する複雑な一連の公式の解を簡単に生み出すことを発見しました。それらの公式を通常のやり方で解くと、場合によっては、高速コンピューターを使ってさえ非常に時間がかかるります。ところが、アンプリチュヘドロンをもとにした計算なら紙とペンだけでできてしまうのです。この新しいアイディアを開発した物理学者のひとりであるハーヴァード大学のジェイコブ・ボージェイリーは、「唖然とするくらいの効率の高さ」と述べています。

アンプリチュヘドロンやそれに類似する“結晶に似た数学的対象”は、科学の大きな謎のひとつ――どうすれば重力と量子力学を統一できるか――を理解する鍵になるかもしれないとさえ言われています。粒子相互作用へのこの新しい幾何学的アプローチは、計算を単純化するだけでなく、空間や時間に対する私たちの考え方自体を変える必要があることを示唆しています。アンプリチュヘドロンに基づく新たな宇宙像の中では、空間、時間、時空における粒子の運動がイリュージョンに見えます。衝突し散乱する粒子や、距離と時間を超えて働く力といった“変化”のかわりに、時間とは無関係な、特定の形の幾何学的構造が重要な意味を持ちます。この瞠目すべき新しい見方に従って、私たちが今ようやくその存在を理解しはじめた“図形たちが持つ奇妙ですばらしい構造”から、物理的な現実が立ち現れるのです。

第13章

大いなる未知の領域

数学における過去の誤りや未解決の難問は、つねに、
数学の未来を拓く機会をもたらした。
——E・T・ベル

いまだ解かれざる問題。その誘惑は数学の活力源です。誰だって良質なミステリーは好きですし、多くの人が頭の体操——数独、論理パズル、迷路などなど——を楽しんでいます。数学者も同じです。ひとつ違うのは、数学者の好奇心はずっと深くまで掘り進む点です。不可思議な数、風変りな幾何学、抽象的な代数の世界で人跡未踏の領域に挑戦し冒険することは、強力な“知的媚薬”になりえます。しかも、大いなる数学的未知の世界に分け入るクエストには、どこかで冒険が終わってしまう心配がありません。ある問題が解けた結果として次の問題が現れることはしょっちゅうですし、数学のまったく新しい分野への扉が開かれることさえあります。

古代ギリシャ人は幾何学が大好きで、なかでもとりわけ幾何学の3つの難題に熱中していました。未解決のその3問はいずれも、目盛りのない直定規とコンパスだけで特定のタイプの作図ができるかどうかに関係していました。直定規とコンパスは単純な道具ですが、そのふたつだけで驚くほど多くの作図が可能です。たとえば、線分を任意の整数比に分割することも、いろいろな正多角形を描くこともできます。正多角形のうち一番簡単に描けるのは正三角形と正方形です。しかし古代ギリシャの人々は、正五角形や正十五角形、そして、そうやって描いた正多角形の辺の数を2倍にした図形も作図しました。つまり、正十五角形ができれば、そこから正三十角形、正六十角形も定規とコンパスで

作れるということです。しかし、定規とコンパスのいかなる攻撃にも頑として屈しない作図問題が3つありました。

その難攻不落の問題のひとつが、角の三等分です。任意の角が与えられた時、直定規とコンパスだけでその角を三等分できるでしょうか？　特定の角度——たとえば直角（90°）——であれば、容易に三等分できます。しかしそうした特殊な場合以外では、ギリシャ人がどれだけ努力しても定規とコンパスだけでの三等分はできませんでした。目盛り付きの定規とコンパスを使えば、ネウシス作図と呼ばれる方法で三等分が可能でしたが、目盛りのない定規では、わずかな例外を除いて作図は成功しませんでした。

ギリシャ人を悩ませた2番目の幾何学問題は、「円積問題」です。ある円が与えられた時、その円と同じ面積の正方形を直定規とコンパスだけで作図できるかどうかという問題です。紀元前5世紀にヒオスのヒポクラテスという人物が、特定の三日月形（半径の違う2つの弧からなる図形）と特定の三角形が同じ面積であることを証明し、円積問題の解決に向けた前進であると受け止められました。彼が導いた結論は、曲線の辺を持つ図形と同じ面積を持つ三角形を（さらにもう少し工夫すれば正方形も）作図することが可能だと示していました。けれども、その結論を円と同面積の正方形の描き方へ発展させることのできた人はひとりもいませんでした。

第3の古典的作図問題は、「立方体倍積問題」です。問われているのは、ある立方体が与えられた時に、体積がその2倍の立方体を直定規とコンパスだけで作れるかどうかです。古代ギリシャの人々は、これも目盛り付きの定規なら可能だがそうでなければ無理だということを発見しました。それから2000年後、古代ギリシャ人には知る由もなかった新しい数学分野のおかげで、ようやくその先へ進む突破口が開かれます。

1796年のこと、まだティーンエイジャーだったドイツの数学者カール・ガウスが、正十七角形の作図法を（従ってその倍数である正三十四角形、正五十一角形、正六十八角形などの作図法も）発見しました。彼はまた、自分の技法で作図不可能な正多角形はどれか（たとえば七角形や九角形など）を挙げることもできました。それだけでなく、古代ギリシャの三大作図問題はいずれもガウスの方法では解決できないことも証明したのです。ただ、その後しばらくは、ガウスの方法が駄目でも別のアプローチ法ならば古代ギリシャの幾何学者が長年追い求めた解答が得られるのではないかという期待が残っていました。けれども数十年後に、ピエール・ヴァンツェルというさほど知られていないフランスの数学者によって、希望は永遠に打ち砕かれました。このヴァンツェルという学者は、自分の健康をかえりみない生活を送って命を縮めたとされています。

ヴァンツェルの死後、同じフランスの数学仲間はこう書いています。「彼は普段から毎晩遅くまで寝ずに研究していた。それから読書をし、コーヒーと阿片を交互に摂取するという良くない方法で数時間の浅い眠りを取った。食事は不規則だった（…）」。ヴァンツェルが名を上げたのは1837年、直定規とコンパスによる角の三等分と立方体倍積は不可能なことと、ガウスの方法を用いれば直定規とコンパスだけで描けるあらゆる図形を作図できることを最終的に証明した時でした。これにより、そのふたつの問題におけるそれ以上の新発見の望みは完全に断たれました。

ガウスとヴァンツェルによる古典幾何学の三大作図問題攻略では、フランスのルネ・デカルトとピエール・ド・フェルマーが1630年代に開拓した数学の一分野が足場になっていました。今では解析幾何学と呼ばれているその分野は、デカルト座標（または直交座標）の考え方に基づいています。デカルト座標を使えば、平面上のいかなる点も、直交するx軸とy軸に対応付けられる2つの数の組で表示されます。歴史家はこの分野の先行者として、紀元前4世紀のギリシャの数学者メナイクモスと、ペルシャの数学者・天文学者・詩人のウマル・ハイヤームの名を挙げます。たしかにそうではありますが、幾何学を代数を用いてあらわせるという発想が開花するには、科学における他の多くの新展開と同じく、西洋でのルネサンスのあけぼのを待つ必要がありました。

解析幾何学の非常に重要な側面のひとつは、線分の長さを多項式の根（こん）としてあらわせることです。多項式とは、たとえば $4x+1$ や $2x^2-3x-5$ や $5x^3+6x-1$ といった形であらわされる式で、言い換えれば、係数（1や−8）と変数（xやy）と指数（x^2における2）を含む項の組み合わせで作られている式です。そして多項式の根というのは、その多項式が0に等しくなるような変数の値のことです。例として x^2+x-2 を見てみると、xが1か-2の時にこの式は0に等しくなりますから、この多項式の根は1と-2です。解析幾何学では、正多角形の作図問題が、直定規とコンパスで描ける線分の長さに対応する根を持つのはどの多項式か（円周等分多項式）の問題に置き換えられます。この多項式の根が、円周を等分に分割する点を与えるのです。ガウスが見つけたのは、その多項式の次数（多項式中のxの指数のうち最大のもの）が2の累乗であればどんな線分でも作図できる方法でした。正十七角形の場合、次数が16の多項式になるので、ガウスの方法で作図が可能です。

ヴァンツェルは、角の三等分と立方体の倍積は、どちらからも三次多項式（次数が3の多項式）が導かれるためガウスの方法では作図が不可能であることを証明しました。彼の証明はまた、これらの問題を別の方法で解く可能性の探索をもう止めてよいことを意味しました。将来どんなに数学が発展し、どれほど多くの素人理論家や変わり者が「解を見つけた」と主張したとしても、答はもともと存在していないことが明らかにされたのです。

これで、残る謎は円積問題だけになりました。目盛りなしの定規とコンパスで作図可能であるためには、円周率πの値が二次多項式の根でなければなりません。これは、17世紀にあってさえ、ありえそうにないと考えられていました。円積問題に関するすべての希望が失われたのは1882年のことです。フェルディナント・フォン・リンデマンが、πは超越数——いかなる多項式の根でもない数——であると証明したからです。

三大作図問題を解こうとした古代ギリシャ人の試みは最初から成功する見込みがなかったことを、今の私たちは知っています。けれども彼らは何かを見落としていたわけでも、間違った方向を探っていたわけでもありませんでした。当時の彼らは、問題を解くために必要なツールを持っていなかっただけです。最も近い恒星までの距離を測る手段や、原子の実在を証明する方法が当時はなかったのと同じです。後から振り返ってはじめて、知識に決定的なギャップがあって問題の解決を阻んでいたということがわかる——それはよくあることです。ギャップは小さくて簡単に橋を架けられるものかもしれませんし、最初に空を飛ぼうとした古代の人とアポロの月面着陸の技術差にも似た巨大な隔たりかもしれません。面白いことに、数学界で最も有名で、つい最近まで未解決だった問題はおそらく後者の例なのですが、それでも私たちは、「今あるものよりもシンプルな証明法はない」とは100パーセント確信できずにいます。その理由は、何世紀も前に書かれて偶然発見された短い手書きの文章にあります。

1637年、ギリシャの数学者ディオファントスの『算術』を読んでいたピエール・ド・フェルマーが本の余白にある書き込みをし、それはやがて何世紀にもわたってあまたの数学者たちを悩ませることになります。書き込みは彼の死から20年後、息子によって偶然発見されました。そこには、a, b, c, nが正の整数でnが3以上の場合、$a^n + b^n = c^n$ を満たす解は存在しないと書かれていました。フェルマーは続けて、自分はその証明を見つけたが、この余白はそれを書くには狭すぎる、と記していました。彼は本当に正しい証明を発見していたのでしょうか？　本人が証明できたと思っただけで実際は間違っていたのでしょうか？　それともこれは彼のいたずらで、他の数学者たちにこの問題の探究と最終的な解決を促すために答を知っているふりをしたのでしょうか？

フェルマーの最終定理として知られるようになったこの問題（実際は定理ではなく予想ですが）の内容を説明するのは容易です。$n = 4$の場合に関してはフェルマー自身が生前に証明を公表していました。しかし、nがそれ以外の場合の証明は恐ろしく困難でした。フェルマーの死後1世紀以上が経った1770年に、ようやくレオンハルト・オイラーが$n = 3$の場合について証明しました。1825年にはフランスのアドリアン＝マリ・ルジャンドルとドイツ人のペーター・ディリクレが$n = 5$の場合の証明を行い、他の少人数の数学者集団が次の100年ほどの間に特定のいくつかの値のnについて攻略を成功させました。やがてコンピューターが投入され、どんどん大きなnの値について力ずくで次々に証明が進められました。1993年初めまでに、コンピューターの活躍でフェルマーの最終定理は400万未満のすべての値のnで証明されるに至りました。日常的な基準で考えれば、これは「定理が一般的に真である」とみなす根拠として十分でしょう。しかし、数学者には証明が必要なのです――あらゆる場合に適用できる、厳格で反証の余地がない、恒久的な証明が。そしてついに現れた証明は、誰も予想しなかった方向から攻めていました。

1955年から1957年にかけて、日本の谷山豊と志村五郎というふたりの数学者が、一見まったく異なる2つの数学領域を結びつける予想を提示しました。片方の領域は楕円曲線で、これは――紛らわしいですが楕円ではなく――あるタイプの3次方程式によってあらわされる曲線です。たとえば、$y^2 = x^3 + 5x - 2$ という方程式を座標平面上に描くと、楕円曲線が得られます。谷山と志村の予想に含まれるもうひとつの領域は、モジュラー形式として知られます。モジュラー形式は、数学的な装置だと想像するとわかりやすいかもしれません。その装置は懐中時計のように精妙な内部機構を持ち、楕円曲線に対してある1つの数を割り振ることができます。谷山＝志村予想はそれほどまでに異なって見える数学の領域の間を結びつけたという点で、(少なくともその内容を理解できた人々には) 深甚な重要性を持つと認められていました。しかし、彼らの予想がより多くの注目を集めるようになったのは、1986年にドイツの数学者ゲルハルト・フライが「谷山＝志村予想が証明されればそれによってフェルマーの最終定理も証明されたことになる」と示唆してからです。たったひとつだけ落とし穴がありました。谷山＝志村予想の証明は恐ろしく難しく、一部の数学者は不可能だとさえ考えていたのです。けれども7年後にイギリスの数学者アンドリュー・ワイルズがひとつの証明を発表したことで、悲観論は消し飛びました。ただしワイルズの証明には重大な見落としがあり、彼はその修正にさらに18ヵ月を費やさねばなりませんでした。ワイルズは一夜にして数学界の寵児となり、世界中の新聞やニュースの見出しに彼の名が躍り (数学者ではほとんど前代未聞の出来事です)、後にナイト爵にも叙せられました。彼は「フェルマーの最終定理をついに証明した者」として語り継がれるでしょうが、実際のところ、彼が成し遂げたそれよりもはるかに大きな業績は、ある特殊なケースにおいて谷山＝志村予想を証明したことです。それがあったからこそ、根拠ははっきりしなかったものの、深遠で、長い間誰にも解決できなかったフェルマーの主張に、速やかに完全な証明を与えることができたのです。

志村五郎は、自身の名を数学界の一角に永遠に留めることになるワイルズの証明を、生きて目にすることができました。しかし、ワイルズの証明の核心になった予想のアイディアを最初に生み出した盟友、谷山豊は違いました。本書の第8章で、繊細な精神の持ち主が数学の研究に打ち込んだ結果悲劇的な結末を迎える例をいくつか取り上げましたが、谷山もそのひとりでした。1958年11月、東京大学助教授の地位にあって婚約も決まり、栄えあるプリンストン高等研究所からの招聘を受けたばかりという時期に、彼は自らの命を断ったのです。31歳でした。遺書には次のように書かれていました。

> 昨日まで、自殺しようという明確な意思があったわけではない。ただ、最近僕がかなり疲れて居、また神経もかなり参っていることに気付いていた人は少なくないと思う。自殺の原因について、明確なことは自分でもよくわからないが、何かある特定の事件乃至(ないし)事柄の結果ではない。ただ気分的に云えることは、将来に対する自信を失ったということ。

悲劇は重なり、翌12月に婚約者の鈴木美佐子も彼の後を追って自殺しました。

フェルマーには、400年後のワイルズと同じ方法での証明は不可能でした。ガリレオが量子力学を開拓できるはずがなかったのと同じです。また、最も優秀な数学者たちがフェルマーの死後4世紀にわたり、フェルマーの利用できたであろうあらゆる方法を用いて証明に挑戦して誰も成功しなかったことから、フェルマー自身がシンプルな証明を発見していたとは考えにくいと見られています。一方で、彼は極めて優れた数学者であり、自らの論理の筋道における間違いを見逃すような人ではありませんでした。ですから、一番ありそうなシナリオは、彼はちょっとしたいたずら心から、他の人々がこの問題をより掘り下げて考えるよう挑発する意図で書き付けを残した、というものです。そうだとすれば、ことは彼の思惑通りに運んだと言えるでしょう。

長く未解決だった問題が解かれ、数学者がそれまで未踏破だった領域により深く攻め入ることができるようになると、自然に「いずれどこかの時点で、知るべきことはすべてわかってしまうのだろうか」という疑問が浮かびます。実際に19世紀後半の科学の世界では、一部の学者が、自然界の基本的な仕組みはニュートン力学とマクスウェルの電磁気学ですべて理解できると信じはじめていました。ドイツの物理学者フィリップ・フォン・ジョリーは1878年にある学生に向かって、物理の道には進むな、なぜなら「この分野ではほとんど全部がすでに発見されてしまい、残っているのはたいして重要でない穴を埋める作業だけだ」と助言しました。しかし幸いなことに、その学生はそれでも理論物理学に進みました。学生の名をマックス・プランクといいます。

20世紀初めの数学界にも、似たような――学問としての数学の終局が見えはじめているのではないかという――空気が漂っていました。ドイツの偉大な数学者ダーフィット・ヒルベルトは、適切に選択された公理（基本的な規則や、議論の出発点として真であると仮定された条件）の集合から数学のすべてが必然的に導かれることを示すためのプロジェクトを提案しました。彼はそれに先立つ1900年に23の未解決問題のリストを発表し、「算術の公理化」をその中に含めました。ヒルベルトのリストは、数学分野で個人によって編まれたリストとしては最も注意深く選定され、最も大きな影響力を持ったとみなされています。たしかに彼のリストは、それ以後の何世代もの数学者による膨大な研究を生み出すきっかけになりました。

現在では、23の問題のうち10問が完全に解決されたと考えられています。他に7問が部分的に解決されたか、どのような前提から出発するかによって結果が変わることが示されたかしました。ヒルベルトの第1問題と第2問題は、後者のカテゴリーに入ります。つまり、どちらも、無限をどのように捉えるかや、どの公理系（公理の集まり）を選んで使うかに結論が左右されます。

さかのぼって1870年代に、ドイツの数学者ゲオルク・カントールが、無限にはさまざまな大きさがあることを示していました。具体的には、自然数（1, 2, 3…）の無限は、実数（数直線上のすべての点）の無限よりも小さいことが彼によって証明されました。カントールはそのふたつの無限の中間サイズの無限はないと信じていました。これが「連続体仮説」として知られることになる考え方です（この名称は、実数全体の集合の別名が「連続体」であることに由来します）。ヒルベルトは連続体仮説の証明または反証を、23の問題リストの1番目に持ってきました。この問題はカントール自身や他の数学者が証明に挑戦して果たせずにいたのですが、誰かが解決するのは時間の問題だと見られていました。

第13章

大いなる未知の領域

1930年代末になると、オーストリア出身でアメリカに渡りプリンストン高等研究所でアインシュタインと親しくしていた論理学者クルト・ゲーデル（第8章も参照）が、連続体仮説の証明へ向けた大きな一歩と思えるものを踏み出します。彼は、もしも連続体仮説が真だと仮定した場合、それまで数学の基礎をなすとみなされてきた9つの公理――ツェルメロ＝フレンケルの公理系と、選択公理（合わせてZFCと略されます）――に矛盾しないことを示しました（ZFCについては前作『天才少年が解き明かす奇妙な数学！』第13章を参照）。ところが、1963年にアメリカの数学者ポール・コーエンが衝撃的な発表をします。コーエンは、**まったく逆の仮定をした場合**――連続体仮説が偽だと仮定した場合――にも、ZFCとの矛盾は生じないことを証明しました。ZFCの内部からは連続体仮説の真偽は決定不能であることが示されたのです。ゲーデルはコーエンに宛てた手紙にこう書いています。

> 連続体仮説の独立性に関するあなたの証明を読み、本当に喜んでいます。あなたは本質的なあらゆる面に関して、与えうる最高の証明を提示していると思います。これはめったにないことです。あなたの証明を読むことは、本当に優れた演劇を見るのと同じくらい心地よい効果を私にもたらしました。

しかし物語はそこで終わりではありません。数学者たちは今も、連続体仮説が「本当は」真なのか偽なのかの議論を続けています。なぜなら、結局は真か偽のいずれかであるべきだと思われているからです。なんだかんだ言っても、私たちは自然数の無限と（それよりも大きい）実数の無限については疑いなく知っています。その中間の大きさの無限があるかどうかを決められないなどということがどうしてありうるでしょう？　ゲーデル自身、最終的には連続体仮説が真か偽かが解明されるに違いないと論じていました。彼はこう書いています「こんにち知られている公理系からは決定できないということは、それらの公理系には現実の完全な説明がもれなく含まれているわけではないという意味でしかない」。この問題を要約すると、誰もが満足する解決を得られるように

ZFCを拡張する最も適切な方法は何か、ということになります。

理論家は自分の選択次第でどんな公理系も考案することができますが、より幅広く新しい数学世界を築くための基盤となる系として多くの数学者に受け入れられるのは、一貫性があり、エレガントで、(これが最重要ポイントですが)役に立つ公理系だけです。ポール・コーエンは「強制法」というテクニックを編み出しました。これは数学世界(数学的に議論できる範囲)を拡張するための一方法で、それにより、従来は真偽を決定できなかった問題が解決できるようになりました。一方、2001年にアメリカの数学者で集合論の中心的理論家であるハーヴァード大学のW・ヒュー・ウッディンが、ある新しい強制法公理をZFCに追加すると、拡張された公理系では連続体仮説が偽になるという提案をしました。しかし彼はその後方針を変えます。ただしそれは彼のそれまでの考えが間違っていたからではなく、彼が新しいタイプの公理を考案したからでした。彼によれば、「内部モデル公理」または「V＝究極のL」という名で呼ばれる新しい公理の方が、より強力です。この新しい理論では、連続体仮説を取り巻く哲学的問題のいくつかが、厳密な数学的問題(最終的には解くことが可能なはずの問題)に還元されています。ウッディンの現在の攻略方針が成功すれば、カントールの長年の予想が実際に真であり、自然数と実数の間に中間的な無限はないという結論になるでしょう。

ZFCの拡張による問題解決を目指して競う2通りの考え方――強制公理による拡張と、内部モデル公理による拡張――のうち、どちらが勝利を収めるかはまだわかりません。強制公理のファンたちは、数学の伝統的な諸分野により大きく役立つよう数学の基盤を強化するには、自分たちのアプローチが最適だと論じています。一方、内部モデルを贔屓(ひいき)にする人々は、連続体仮説が真であることを証明できれば無限集合を取りまくカオス状態に秩序をもたらすことができるという点に好感を抱いています(それ以外の数学分野にはあまり影響が及ばないと見られていますが)。

集合論の最先端で研究をしている人々は、物理学における宇宙論研究者や素粒子理論研究者と似た存在です。彼らの研究は、形而上学や存在論を対象にしている点で重なり合います。彼らは結局のところ、同じゴールを目指しているのです。未知の領域へと分け入る数学者たちは、目的を明確にした上で、自らの探索の土台となる公理を決定し、数学それ自体の深遠な本質と対峙しなければなりません。彼らは、実用性を重んじて公理を選ぶのがベストなのか、それともその公理がものごとのありかたの純粋な真理に最も近いから選ぶのかを、自らに問わねばなりません。

ヒルベルトの第2問題も、数学的真理と私たちが知ることのできる範囲の限界についての核心にかかわっています。この問題は、算術の土台にある公理に無矛盾性があること——言い換えれば、それらの公理からいかなる矛盾も生じないこと——の証明を求めています。誰もが学校で習うおなじみの算術は、専門的には、イタリアの数学者ジュゼッペ・ペアノにちなんで「ペアノ算術」と呼ばれます。ペアノは1889年に一揃いの公理を提案し、今でもそれが、一般的に受け入れられた自然数論の基礎になっています。自然数に関するペアノの公理系は9つの命題で構成されていて、うちひとつはいわゆる「二階論理」に属しています。ペアノ算術は通常の算術だけを対象とした比較的弱い体系で、数の加法・減法・乗法・除法に関係しています。ペアノ算術には加法と乗法が明示的に含まれ、二階論理に属する公理が一階論理の言葉で書かれた主張に置き換えられています。ヒルベルトの第2問題は、実際は広い意味でのペアノ体系（二階論理体系）を指した問いだったのですが、今では、ペアノ算術の無矛盾性は証明可能かという問題だと解釈されることがしばしばあります。

1931年、クルト・ゲーデルがふたつの衝撃的な定理を発表して数学界を震撼させました。両方をまとめて「不完全性定理」と呼ばれるその理論は、十分に強力で無矛盾なあらゆる公理系——ペアノ算術はその一例——には証明も反証もできない命題が必ず含まれており、公理系自身の無矛盾性もそうした“証明も反証もできない命題”のひとつであることを立証していたのです。ヒルベルトは、第2問題の中やその後に述べた“数学の基礎を明確に定める”という壮大な計画の中で、算術の無矛盾性が証明できることへの希望を表明していましたが、ゲーデルはその希望を木っ端微塵にしたように見えました。ゲーデルの不完全性定理に欠陥が見つかることは永遠にないでしょう。この定理はつねに真です。不完全性定理は、「真である」という概念が「証明」の概念よりも強力であることをはっきりさせ、数学者の精神をひどく掻き乱しました。ところが、物語はそこで終わりではありませんでした。1936年にドイツの数学者・論理学者のゲルハルト・ゲンツェンが、ペアノ算術の無矛盾性の証明に成功したのです。彼はこの証明を、ゲーデルが用いたのとは別の、より範囲の広い公理系からの考察によって成し遂げました。その公理系は一般的にはそれ自体で無矛盾だとみなされていますが、その無矛盾性を証明するには、より強力な系が必要です。ということは、あらゆる公理系の一貫性（無矛盾性）の証明には、つねにそれよりも大きな数学世界を構築する必要があることになります。ヒルベルトの第2問題に関しても、第1問題と同様に2種類の意見の陣営が――ゲーデル派とゲンツェン派が――あるわけです。

ヒルベルトは1943年に他界しますが、彼自身こうした複雑な要素や哲学的相違を認識しており、悩みの種だったようです。第1問題と第2問題が決着のつかない状態にあるのは、数学に対するヒルベルトの姿勢からは受け入れがたいことでした。彼は、すべての問題はいつか解決される、それは時間の問題だ、と考えていました。1930年にドイツ科学者・医学者協会で行った退官記念講演での次の発言は有名です。「われわれは知らねばならない、われわれは知るであろう（Wir müssen wissen. Wir werden wissen.）」。この言葉は彼の墓にも刻まれています。

ヒルベルトの23の問題のうち、彼が最も解いてほしかったのはどれだったのか。それははっきりしています。「仮に私が千年眠ったとして、目覚めた後に最初に尋ねるのは『リーマン予想は解かれたか？』だ」。ドイツの数学者ベルンハルト・リーマンにちなんで名づけられたリーマン予想は、素数（1よりも大きい自然数で、それよりも小さい数の積としてあらわせない数）の分布に関係しています。ヒルベルトのリストでは8番目に置かれており、数学のあらゆる未解決問題のうち最重要であると広く認められています。素数がどこに現れるかにはパターンもなければ予測可能性もありませんが、全体としての分布にはある種の秩序があります。つまり、こう問うことができるという意味です――Nという整数が与えられた時、Nよりも小さい素数は何個あるか？　リーマンがこの問題について書いた論文は1編だけですが、1859年に発表したわずか8ページのその論文で、彼は「自身の予想が正しければ」という前提の上で、理論的に可能な最も正確な答えを示しました。簡単に言えば、彼が述べたのは、Nよりも小さい素数の数は「リーマン・ゼータ関数」として知られることになる関数$\zeta(s)$の「非自明な」零点と密接に関係している、ということでした。「零点」とは、$\zeta(s)=0$になるようなsの値です。これらの零点の中には簡単に見つかるものもあります。sが負の偶数の場合は必ず$\zeta(s)=0$となるため、それらは「自明な」零点として除外されます。リーマンの仮説は、「それ以外の（非自明な）零点はすべて、複素平面と呼ばれる平面上の1本の直線上にある」と述べています。複素平面は私たちが数学でよく使うx軸とy軸を用いた直交座標平面と似ていますが、違いは水平の軸が実数、垂直の軸が虚数（-1の平方根の倍数）をあらわすことです。リーマンの仮説では、リーマン・ゼータ関数のすべての非自明な解は、この複素平面で実数軸上の$\frac{1}{2}$の点を通る1本の垂直線の上にあるというのです。ゼータ関数の零点の分布と素数の現れる頻度は深く関係していることが判明しています。実際に、リーマン予想が真だと仮定すると、リーマン・ゼータ関数の非自明な零点を使ってNよりも小さい素数が何個あるかを割り出す公式を書くことが可能です。

リーマン予想は素数の分布に関係しているだけでなく、一見なんの関連もなさそうな領域でいろいろな形を取ってひょっこり現れる点でも注目されています。「リーマン予想が正しいとするなら」という前置きは、数えきれないほど多くの定理に見られます。リーマン予想が真だと証明されれば、即座にそれらの定理も正しいと証明されます。逆に、リーマン予想への反例がたったひとつでも発見されたら、数学は大混乱に陥るでしょう。現在のところ、コンピューターによる検証で、小さい方から10兆個を超えるあたりまでの非自明な零点にはリーマン予想に反するものがない——すべて、リーマンが予言したとおりの線（臨界線）上にある——ことがわかっています。数学以外の科学分野であれば、これだけの証拠があれば仮説から立証済みの理論に昇格することでしょう。しかし数学ではそうはいきません——それには理由があります。ガウスが1800年代半ばに素数に関して述べた別の予想が、1914年にイギリスの数学者ジョン・リトルウッドによって反証され、次いで、ガウスのその予想への反例は「スキューズ数」と呼ばれる想像を絶するほど大きな数（10の10乗の10乗の34乗）の領域で出現することが証明されるという出来事があったのです。その後、ガウスの予想に反する数の現れる領域の下限は1.4×10^{316}前後まで下がりましたが、それでもやはり、彼の予想は天文学的に巨大な数にならないうちは当たっていて、その先で──驚くべきことに──真ではなくなることに変わりはありません。リーマン予想で同じことが起こると本気で考えている人はいませんが、数学者というものは、一点の曇りもない証明あるいは反証が手に入らない限り満足しない人種なのです。

ヒルベルトのリストのちょうど100年後にあたる2000年に、クレイ数学研究所が「ミレニアム懸賞問題」という7つの未解決問題のリストを発表しました。リーマン予想は両方の予想に載っている唯一の問題です。新しいリストが大きな話題になったのは、発表した機関の知名度ゆえというよりも、それらの問題を最初に検証可能な形で解決した者に100万ドルの賞金が贈られるという事実によってでした。ミレニアム問題のうち、これまでに解決されたのはポアンカレ予想だけです。ただし、これを証明した人物は倫理上の理由を挙げて賞金の受け取りを拒否しました。

ポアンカレ予想はフランスの数学者・理論物理学者のアンリ・ポアンカレが提示したもので、トポロジー──何かを曲げたりねじったりしても変わらない性質を研究する数学分野──における命題です。ポアンカレは20世紀初めに、有限で境界を持たない面──たとえば球面やトーラス（ドーナツ形状）──の上のループについて、あることに気付きました。この場合のループとは、円のように始点と終点が同じ曲線のことだと考えて下さい。ポアンカレが気付き、証明したのは、有限で境界を持たない2次元の面に関する限り、いかなるループをもその面の上にとどめたまま引き絞って1点に収束させることができるのは、球面上だけであるという内容でした。たとえばトーラスの場合は、穴をくぐるように描かれたループを引き絞ると、トーラス面の内側の1点に収束してしまいます。ポアンカレは、ループと球面に関するこの結果がもっと高い次元にも一般化できるのではないかと提案しました。曲面（定義からして2次元）に相当する高次元図形は「多様体」と呼ばれます。彼は、4次元においてすべてのループが面上の1点に収束する多様体は、3次元球面だけなのではないか、と気付きました（私たちが普段見ている3次元世界の球は「2次元球面」であり、4次元においてそれに相当する図形が3次元球面です）。しかし彼はその証明に成功せず、以来この問題はポアンカレ予想として知られてきました。彼は、一般ポアンカレ予想——あらゆるループを、表面を離れることなく引き絞って収束させられるのは、高次元球面のみである——も提案しました。そして不思議にも、この一般化された予想の方が、3次元球面に限定した場合よりも考察を進めやすいことが判明しました。1960年、アメリカの数学者スティーヴン・スメイルによって5次元球面以上の高次元球面すべてにおいてこれが成り立つことが証明され、トポロジーにおける奇妙な現象として注目を集めます。5次元以上の次元で適用可能な一般的手法が3次元や4次元ではうまく機能しないことはよくあります。この不思議な二分から、最大4次元までのトポロジーを「低次元トポロジー」、5次元以上の場合を「高次元トポロジー」と分ける考え方が生まれました。その2つの分野ではしばしば異なる技法が使われるからです。

1982年にアメリカの数学者マイケル・フリードマンが、4次元球面に関する一般ポアンカレ予想を解決しました。これにより、一般ポアンカレ予想が成立するかどうかは3次元球面の場合に成立するかどうかにかかってきました。ところが、3次元球面での証明は、それよりも高い次元の“親類たち”と比べてはるかに難しいことが明らかになったのです。同じ1982年に、ポアンカレ予想にとって重要な一歩となる「リッチフロー」という方程式が、米国コロンビア大学数学科でデイヴィーズ記念教授を務めるリチャード・ハミルトンによって提唱されました（リッチフローという名は、この考え方の土台となる業績を残したイタリアの幾何学者グレゴリオ・リッチ＝クルバストロに由来します）。ハミルトンは特殊な数例を証明したのみでしたが、やがて、リッチフローはポアンカレ予想を最終的に解決する鍵として使われることになります。

2002年から2003年にかけてロシアの数学者グリゴリー・ペレルマンが3編の論文を発表し、リッチフローがポアンカレ予想全体の証明にどのように利用できるかを示しました。彼の証明にはいくつもギャップがありましたが、フェルマーの最終定理の場合とは異なり、それらのギャップはどれも軽微で、ペレルマンが説明した技法を使えば埋めることのできるものでした。2006年に中国の朱熹平と曹懐東というふたりの数学者がペレルマンの証明を検証する論文を発表しますが、ポアンカレ予想を最終的に証明したのは自分たちだと主張し、結局はその論文を撤回する羽目になるという事件が起こります。証明者がペレルマンであることは、はっきり認められました。ペレルマンはこの証明で、数学界のノーベル賞ともいうべき最高の名誉であるフィールズ賞を贈られます。しかし彼は賞を辞退し、クレイ研究所のミレニアム懸賞の賞金100万ドルも断りました。彼は自身の業績によってもたらされた名声を嫌い、証明の達成には自分と同じくらいハミルトンの貢献が大きかったにもかかわらず、それが軽視されているのはフェアではないと考えていました。注目されることを好まない彼は隠遁生活に入り、どこで何をしているかは今も謎に包まれています。

ミレニアム懸賞問題の残る6つのうち、2つの問題は数学と物理学の密接な関連を示しています。ひとつめの「ヤン＝ミルズ方程式と質量ギャップ問題」は、非常に微小な世界――古典物理学が退場し、量子力学の奇妙な論理と科学が立ち現れる世界――にかかわっています。1954年に米国のブルックヘイヴン国立研究所で同じ研究室を共同使用していた中国人物理学者の楊振寧（ヤン・チェンニン）とアメリカの物理学者ロバート・ミルズは、陽子と中性子を結びつけて原子核を作っている「強い力」の挙動を説明するための理論を生み出しました。ヤン＝ミルズ理論は、それ以外の亜原子粒子間の相互作用のしかた（たとえば電磁気力や「弱い力」）に拡張でき、この理論の現代版はいわゆる「標準モデル」（既知の基本粒子を理解するための現時点で最良の理論的枠組み）をも支えています。ミレニアム問題「ヤン＝ミルズ方程式と質量ギャップ問題」の前半分はヤン＝ミルズの数学的に厳密な量子バージョンが現実世界（4次元時空）でも存在しうると示すことを要求しています。後半が求めるのは、この理論の「質量ギャップ」の発見、言い換えれば、この理論が予言している粒子の最小質量を示すことです。標準モデルでは質量ギャップはグルーボールの質量であり、グルーボールとは複数のグルーオン（原子核内でクォークをひとつにまとめている粒子）から成る理論上の複合粒子で、いまだに観測されてはいません。

物理学との関連を持つもうひとつのミレニアム問題は、古くから残る「ナ

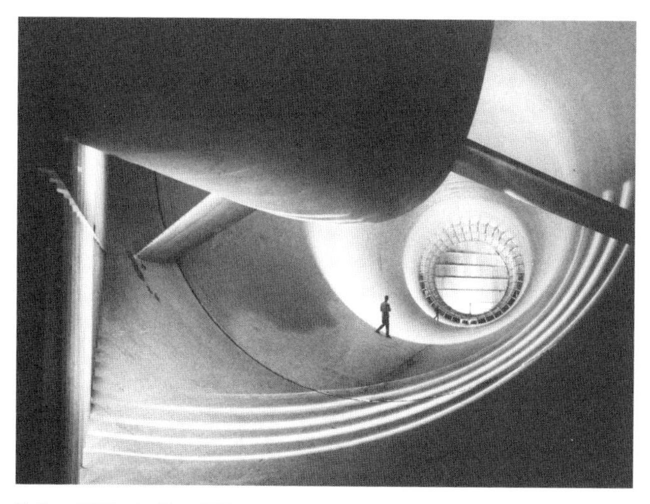

物体の周囲の気流は風洞で調べることができます。しかし、方程式によって現実をモデリングするのは、不可能とまでは言えないにせよ、非常に困難です。なぜかといえば、乱流が発生するからです。

ヴィエ＝ストークス問題」です。フランスの工学者クロード＝ルイ・ナヴィエとイギリスの物理学者・数学者ジョージ・ストークスにちなんで名付けられたナヴィエ＝ストークス方程式は、圧力と外部からの力（重力など）を考慮に入れた流体の動きを説明しています。流体はこの方程式に従っているように見えるのですが、ひとつ難点があります――この方程式に解があるかどうかがわかっていないのです！　最大の問題は乱流です。乱流の中では流体が完全にカオス的になり、極端に複雑化して、数学的な分析が困難になります。私たちが得るのは「有限時間で解が爆発する」という結果で、流体が有限時間の間意味のあるふるまいをしているのに、その後で突然爆発したように見え、有限時間内に無限に遠いところまで到達してしまうのです。私たちが必要としているのは爆発せずにずっと続く解であり、そのような解が存在しうるのかどうかもわかっていません。ひとたび解が見つかれば、ナヴィエ＝ストークス問題は次に、その解は「滑らかさ」を持つか否か、言い換えればその解は流体の性質の中に唐突かつ不規則な飛躍が生じないようなものであるか、という点を問われます。

では、現実の世界で流体はどうふるまうのでしょう？　現実には流体が突然爆発したりしないのに、ナヴィエ＝ストークス方程式に解がないかもしれないということがどうして可能なのでしょう？　その答えは、数学の多くの問題と同じです。ナヴィエ＝ストークス方程式は、現実世界の近似に過ぎないのです。実際の流体は、真に連続的ではありません。どんどん小さいスケールまで見ていけば、あるレベルで流体は個々の分子によって形成されたものになります。ナヴィエ＝ストークス方程式は、完全に連続的な流体を理論的に扱っているだけです。しかしこの問題は、乱流が日常的な現象であるにもかかわらず、私たちが乱流をいかにわずかしか理解していないかを浮き彫りにします。とある逸話によれば、ヴェルナー・ハイゼンベルクはもし神に会えたら何を尋ねるかと聞かれて、こう答えたそうです。「神に会ったら、ふたつ質問するだろう。なぜ相対性があるのか？　そして、なぜ乱流が？　私は、最初の問いについては神が答を知っていると本気で信じている」。

第14章

別の数学はありうるか？

私が数学を好きなのは、数学に人間的なところがなく、この惑星とも、たまたまこうしてある宇宙全体とも、何の関係も持たないから――スピノザの神と同様に、見返りとしてわれわれを愛したりしないからだ。

――バートランド・ラッセル

もしも宇宙のどこかに別の知的種族がいるとしたら、彼らの幾何と代数は私たちのそれと同じでしょうか？　もしも人類が最初から歴史をやり直したとしたら、数学は間違いなく今と同じになるでしょうか？　現在の数学という領域のうち、あらかじめ定まっていて人間によって発見されるのをただ待っていた部分の割合はどれくらいで、人間が自ら発明したり選び取ったりした部分はどれくらいなのでしょう？

文化人類学者たちは、私たちが十進法を採用した理由を、単に数を数える時に使う手の指が10本だったからだと考えています。言い換えれば、人間にとって10が「切りがよくて使いやすい数」に思えるのは、人間の身体の構造が偶然にもこういう形をしているからだということです。もし指が8本の身体に進化していたら、私たちはたぶん8を切りのいいまとまりとして採用し、八進法を使っていたことでしょう。米国カリフォルニア州の先住民であるユキ族や、メキシコでパメ語という少数言語を話す人々は、指そのものではなく指と指の間を使って数を数えるため、実際に八進法を使用しています。タコも、数学ができるくらい進化すれば八進法を使うことでしょう。先コロンブス期に中米で栄えたマヤなどの文化では、二十進法が使われていました。おそらく手の指と足の指の両方を使って数えたからだろうと言われています。

レッサーパンダやモグラなど一部の動物は前肢に6本ずつ指があるように見

えます（ただし、6本目の“指”は実際は手首の骨の一部が突き出た橈側種子骨です）。もし人間の指が12本だったら私たちは十二進法で数え、別の数字が2個加わっていることでしょう（たとえば0, 1, 2, 3, 4, 5, 6, 7, 8, 9, Ǝ, ◊というふうに）。その場合には12進法が自然に思え、十進法はどうにもなじみにくくて変な感じがするのでしょう。

一部の国には十二進法協会という組織があり、「われわれは十二進法に切り替えるべきだ、そうすれば計算がずっとしやすくなる」と主張しています。その理由は、10の約数は1と10を除けば2と5だけなのに対し、12にはいくつもの約数がある（1と12の他に2、3、4、6がある）からだそうです。また、時計が12時間で表示されているので時間の計算が楽になるとも言っています。たとえば2時5分は、2と12分の1時間で 2;1 と表記することができます（この場合、数字の間のセミコロン〔 ; 〕は、十二進法において十進法の小数点にあたる記号です）。2時10分なら2;2、2時15分は2;3 …のようになります。

私たちは数を数える時には十進法を使いますが、これまでに、重さや距離や時間や温度その他を測るために十進法以外の多様な単位も考案されてきました。1950年代から60年代にイギリスで育った人々なら、通貨制度に半ペニーが（1960年までは4分の1ペニーも）あっただけでなく、12ペニーが1シリング、20シリングが1ポンドで計算が面倒だったことを覚えているでしょう。イギリスが1971年2月15日に十進法に移行してから、学校の算数の計算問題はずっとシンプルになりました。今では多くの国が、通貨だけでなくその他の測定単位（長さ、質量、温度など）でも十進法を採用しています。しかし、アメリカ合衆国やイギリスのように、ポンド〔質量単位〕、ガロン、フィート、マイルといった昔ながらの単位が依然として広く使われている国もあります。100センチが1メートル、1000メートルが1キロメートルというメートル法に比べ、12インチが1フィート、5280フィートが1マイルといった単位はずっと複雑なのですが。とはいえ、単位系は異なっても、その根底にある数学――それらの単位を使ってどう計算を行うかを統べる算術の規則――は同じです。

私たちは距離を測る時にフィート・インチとメートル・センチメートルのどちらを選んでもよいわけですが、いずれの単位を使っても、円周を直径で割れば同じ値が得られます。十進法では3.14159…、それを八進法であらわすと3.11037…、三進法では10.01021…、十六進法であれば3.243F6…(Fは、十進法で15にあたる数を表記するための記号)などなどです。この値は数学宇宙における固定した存在ですから、銀河の反対側の惑星に知的生命体がいたとすると、彼らもまた、私たちがπ(パイ)と呼ぶこの定数を知っているはずです。もちろん、彼らがどんな進法を使い、どういう記号でその値をあらわすかは、地球上と異なっているでしょうが。

πが、ちょうど部屋に固定された家具のように、現実世界に存在する不変の値──人間のコントロールの及ばない存在──なのは事実です。しかし、それと違う値を法律で定めようとする者がいなかったわけではありません。1897年にエドワード・J・グッドウィンというアマチュア数学者が、「教育への貢献として提示された(…)新しい数学的真実」を法制化するよう、アメリカ中西部インディアナ州の議会に求めました。グッドウィンは(彼以前の変人たちと同じく)円積問題として知られる古典的な問題(第13章参照)の解法を発見したと思い込み、州の立法府のお墨付きをもらおうとしたのです。この法案が通れば、(インディアナ州の中では)法律上は円周率πが3.2に等しくなるはずでした。円積問題の解を得ることは不可能だと1882年に一点の曇りもなく証明されたという事実も、グッドウィンには馬の耳に念仏でした。さらに、インディアナ州の下院には円積問題の反証に使われたリンデマン=ヴァイエルシュトラースの定理を知っている議員がいなかったらしく、喜んで法案を通そうとします。幸いにも、良き偶然の巡り合わせによって法案は可決されませんでした。州下院で採決が行われる直前に、パデュー大学の数学教授クラレンス・ウォルドーが州都に滞在していたのです。彼はグッドウィンの主張の欠陥と、数学的事実を法律で決めようとする愚挙について多くの議員に理解させることに成功し、法制化はぎりぎりで阻止されました。

カール・セーガンの小説『コンタクト』の最後の場面には、πが別の文脈で──やはりこの定数の値に細工をする可能性をテーマとして取り上げる形で──登場します。主人公のエリー・アロウェイはSETI(地球外知的生命体探査)プロジェクトに携わる研究者で、高度に進化したエイリアンからの信号を発見します。そして彼らから、πの数字の中にコード化されたメッセージがあると告げられました。コンピュータープログラムを使って彼女が見つけ出したメッセージは、十一進法で小数点以下およそ1兆の1億倍桁を超えたあたりから始まっていました。突然、πを形成するランダムな数字の並びが消え失せ、1と0だけが長々と続くようになったのです。この連なりの長さは、2個の素数の積になっていました。エリーがそれらの数を使ってラスター〔ディスプレー画面上の水平方向の走査線〕のサイズを定め、画面上に 1 を明るいピクセル、0 を暗いピクセルでプロットしていったところ、ある見慣れた形が描き出されます。それは円でした！　円周と直径の比率をあらわす定数の数字の並びの中に、円の図形がコード化されて含まれていたのです。これが意味するのは、信じられないほど進んだ知性を持つ何者かがおそらく宇宙の始まりの時に存在し、自然の法則に手を加えてπの数字の中にメッセージを隠し、やがて現れるはずの“それを発見できるほど進化した存在”へ向けて遺したのだ、ということです。

セーガンのアイディアは魅力的ですが、欠点があります。πは物理定数ではなく数学定数なのです。たしかに、時空の幾何学に変更を加えて、円周と直径の比の実測値を変えることは理論的には可能です。事実、私たちが暮らしているこの宇宙は非ユークリッド的です。なぜなら、宇宙的な距離のスケールで見ても、局所的にも、時空は曲がっているからです。けれども、πの値は現実の宇宙で円周と直径を測って決定されるのではありません。πは、ユークリッド幾何学が適用される空間――数学的に完全な平面である空間――の内部の円についての、円周と直径の唯一無二の比率です。また、πは数学において、たとえば特定の無限数列の和のように円とは一見無関係な別の方法でも生み出されます（第3章参照）。セーガンは、πにメッセージを埋め込んだ超知性は私たちの知的レベルをはるかに超えた存在であり、何らかの方法で数学そのものから導かれた定数をも操作できた、と言いたかったのでしょう。そうすれば、人間が考える既存の“宗教的な神”とは別のものとして、神のごとき力――私たちのあらゆる理解を超越した力――を持つ知的生命体が存在するかもしれないと示唆することができます（セーガンは無神論者でした）。しかしたとえ神であっても論理のルールには従わねばなりません。私たちの宇宙とは異なる物理法則や定数が支配する別宇宙を想像するのは簡単ですが、そこでなら数学の基本的性質を改変できると考えることは困難です。

とはいっても、ひとつだけ例外があるかもしれません。もしこの宇宙が、私たちが思っているものとは違っていたら？　もしも宇宙が、時空や物質とエネルギーの物理的な広がりではなく、シミュレーションだったとしたら？　心穏やかではいられないこのシナリオは、近年哲学者や一部の科学者によって議論されています。すでに現在の高速コンピューターと先端的ソフトウェアはシミュレートされた世界を生成することが可能で、私たちはその世界の中でアバターとして交流したり、現実そっくりに作られたまったく架空の風景の中を探検したりできます。こうした（コンピューターゲーム内の）シミュレーション世界では、プレーヤーにわくわくする斬新な体験を提供するために、現実とは別のルール一式が通用しています。それらのルールには一貫性があり、ルールが属するシステムの内部では筋の通った意味を持っています。

仮想現実や拡張現実などを含む没入型テクノロジーが進歩し、神経インターフェース（脳と機器とのインターフェース。多くの場合、小型のデバイスを脳に埋めこんで使う）のような装置の性能が上がって利用可能になっていけば、やがて私たちは何時間も現実を離れてコンピューターが作り上げた別世界に入り込むことができるようになるでしょう。その別世界は、現実世界と同じような手触りがあって現実そのものに思えることでしょう。しかし、もしも今の私たちが「現実そのもの」と思っているものが実はシミュレーションで、私たち自身だけでなく周囲のあらゆる事物が、恐るべき処理速度と性能を持つエイリアンのコンピューター内部に作られた虚構だったとしたら？　その場合、この宇宙を外部からいくらでも操作することができます。πのような無理数の中にパターンやメッセージを埋め込むことも可能です。なにしろそれらの数値もシミュレーションの一部分として作られているので、外部から思いどおりにコントロールできるのです。私たちが物理法則とみなすものも、数学という不変のプラトン的領域も、どこかのとてつもなく高性能なコンピュータープログラムが恣意的に構成したものだということになります。

けれども本書では、私たちが“とてつもなく精巧に作られた虚構のデジタル世界に住みながらそれを自覚していない者”ではなく、正真正銘の物理宇宙に生きる血肉を持った存在であるとして話を進めましょう。その場合、数学はどのくらい違った形になりうるでしょう？　歴史をリセットして、人類の文明が始まった時点からやり直すと考えて下さい。歴史はメインキャストを一新し、異なる状況の組み合わせで新しい道筋をたどることにします。必然的に、さまざまな発見の順序や、発見場所や時代が変わります。私たちのタイムラインと比べて、数学の中のある分野ではより大きな進歩が見られ、別の分野では発展が遅れることもありえます。もしかしたら、ギリシャ人は代数を発明し、幾何学にはあまり興味を示さないかもしれません。集合論の着想やカントールの無限に関する業績を、ルネッサンス期あるいは古代インドの天才が生み出すかもしれません。

そうしたバリエーションがいかに数学のありかたに影響するかの例として、1960年代にアメリカの小学校で起きた、数学の教え方の大きな（しかし短命に終わった）変更があります。「新数学」と呼ばれたこの教育法は、ソ連が1957年にスプートニク1号による有人宇宙飛行を史上初めて成功させて宇宙開発競争でアメリカに一歩先行したことに衝撃を受け、科学と数学のスキルを高めようとして導入されました。子供たちは突然、伝統的な算術の代わりに合同算術（モジュラー算術や時計算術ともいい、整数を特定の整数で割ったときの余りに注目し、整数や、整数による計算の性質を明らかにする。本書52ページ参照）や、十進法以外の記数法や、記号論理学や、ブール代数を学べと言われました。それらの概念は、それまでナンバーボンド〔ある数は何と何を足すとできるかを反射的に思いつけるようにするための教育手法〕や掛け算表〔日本でいえば九九、海外には12×12などいろいろな種類がある〕での勉強になじんできた子供たちを困惑させただけでなく、教える先生や親にとっても悩みの種でした。多くの親が、自分の子の教室に座って一緒に勉強しはじめました。そうしないと宿題を手伝えないからです。

新数学は、それを学んだ世代が成長してアメリカの技術革新（特にエレクトロニクスやコンピューターなどの分野の発展）を加速させ、ソ連を追い越すことを目論んで導入されました。けれどもこの新方式の大きな弱点がじきに明らかになります。それは、この方法が子供たちに、実体験とはおよそ結びつかない抽象的なトピックスや手法への知的飛躍を要求したことでした。アメリカの数学者で、広く使われていた数種類の教科書の著者でもあったジョージ・シモンズは、新数学が「交換法則については聞いたことがあるが掛け算表は知らない」大学生を生み出した、と書いています。

教育の実験としての新数学は失敗し、すぐに放棄されました。けれどもこの実験は、数学をまったく新しいやり方で提示した時にどれほど違ったものになるかについて、興味深い実例を与えてくれました。ただし、新数学が計画どおりに機能しなかったからといって、通常はもっと成長してから教わる概念を若い生徒たちが吸収するのは無理だという意味にはなりません。著者の片方（デイヴィッド）は数十年にわたり、5歳から18歳までのいろいろな子供たちに数学の個人レッスンをしてきました。その結果悟ったのは、小学校に入ったばかりの幼い子供でも、わかりやすい言葉を使い楽しく学べるように工夫して説明すれば、無限や高次元や変わった幾何学図形（たとえば、表裏の面の区別がないメビウスの輪など）の概念を把握しはじめるということです。実際にデイヴィッドは、人間は4次元や超限数のような異質な概念も、小さい頃からそれで遊んだりかかわりを持ったりすれば、深く直観的に認識できるようになると確信しています。言語の習得と同じです。バイリンガル環境で育った子供はさほどの困難なしに両方の言語を習得して流暢に話すようになりますが、青年や成人になってから外国語を学ぶのは一般にそれよりもずっと難儀です。

そういうわけで、もし人類史の道筋が違っていたら、明らかに数学は今とは大きく違うありかたをしていたことでしょう。私たちは数よりも図形を介して考える傾向を持つようになったかもしれませんし、（新数学が試みたように）普通の算術や代数よりも集合論の方を使い慣れていたかもしれません。まして、地球上とは似ても似つかぬ形に生命が進化した別の世界では、違いははるかに大きいことでしょう。

ポーランドの作家スタニスワフ・レムが1961年の小説『ソラリス』で描いた惑星には、“思考する海”とでも呼ぶべき、惑星全体に広がる単一不可分の知的生命体が登場します。惑星ソラリスの調査をしている人間の宇宙飛行士たちにとってそれはあまりに異質で、周回軌道上の宇宙ステーションから“海”と意

英国チェシャー州のジョドレル・バンク天文台にあるラヴェル望遠鏡。
地球外知的生命体からの信号の探索に使われています。

味のあるコミュニケーションを取ろうとする試みはすべて失敗します。このような生命体の数学はどのようなものでしょう？　環境の中に存在する"他の個体"や"別個のもの"という概念を持たないその生命体は、少なくとも、私たちがたどってきたような「数を数えたり自然数で単純な計算をしたりする」道筋を通らないのではないかと考えられます。このような生命体は、個別の数よりも連続的な量で考える可能性の方が高いでしょう。そこから、滑らかな関数〔そのグラフが切れ目なくつながって、尖った部分のない関数〕の数学を発達させはじめ、ずっと後になってから整数を発見して、それをどのように扱うかを考えるのではないでしょうか。惑星全体に広がる単一の生命体が実際に宇宙のどこかに存在するかどうかは知るすべもありませんが、その可能性を考えることから、地球上とは異なる状況下では数学がまったく別の道筋で進歩してもおかしくないと思い至ります。数学が誕生する際に、私たちが基本と考える整数やユークリッド幾何学が必ず出発点になるなどとは、まったく言えないのです。地球外数学の見た目は、ひどく変わっているかもしれません。しかしそれでも、人類が探索し確立した数学の各部分は、宇宙の他の知的種族が見つけて構築した数学の同じ部分と、ぴったり合致しているはずです。私たちと異星の生命体は、音楽も言語も技術も全く異なっているでしょうが、数学の基本原理はどこでも同じであるに違いありません。

違いが大きく現れるのは、数学を組み立てるときの基本的前提がどの系に基づいて組み立てられているかでしょう。公理と呼ばれるそれらの基本的前提は、すべての定理と証明が拠って立つ、根底となる基盤です。史料が残る歴史の黎明期、人々が数を使いはじめ、図形や面積といった概念のおおまかな利用法を発達させていった頃には、実用的な観点で役に立つ内容しか扱われませんでした。数学の論理的基盤について真剣に考察した人物は、私たちの知る限り、紀元前300年頃のエウクレイデス（ユークリッド）が最初です。幾何学の大著『原論』の中で彼が得た結論と証明は、5つの公準（おおむね、現在私たちが公理と呼んでいるものに相当）および彼が「共通概念」と呼んだ5つの命題のセットを基盤としてその上に築かれていました。公準には、「任意の一点から別の任意の一点まで直線を引くことができる」や「すべての直角は互いに等しい」などがあり、これらを含む4つの公準は議論の余地なく自明ですが、5番目の「平行線公準」だけは例外でした。平行線公準についてのエウクレイデスの記述はかなり回りくどく、はっきり平行線とは言っていないのですが、要約すると次のようになります。「同じ1本の線に平行な2本の直線は、互いに対しても平行である」。

古代ギリシャの人々でさえ、この第5公準には他の4つほどの信頼を寄せませんでした。他と比べて複雑で、自明性が薄かったのです。エウクレイデスの公準リストで最後に置かれていることや、彼が最初の28の定理を導く際に一度もこの公準を使っていないことから、彼自身もこれを中核的な前提に含めることにかすかな不安を覚えていたのではないかと言われています。しかし彼は、自身の幾何学体系――現在ユークリッド幾何学と呼ばれているもの――を先へ進めるためにこの公準が必要だと認識していました。多くの数学者が長年にわたり、他の4つの公準から5番目の公準を導き出せないかと試みましたが、誰も成功しませんでした。どこに問題があるのかを最初にはっきり見抜いたのは、ドイツの数学者カール・ガウスです。彼はわずか15歳の時にユークリッド幾何学の基盤に関する探求を開始しましたが、平行線公準が他の4つの公準から独立していることを確信するには四半世紀を要しました。そこで第5

公準を除外したら結果がどうなるかを考えはじめ、考察の中で、奇妙な新しい幾何学を最初に覗き見ます。彼は同僚への手紙にこう書いています。

> この幾何学の定理群は逆説的であるように見え、十分な知識のない者の目には馬鹿げていると映るだろうが、冷静かつ真剣に考察すると、不可能なことは何ひとつ含まれていないことが明らかになる（…）。

ガウスは自ら厄介な論争の火種をまくタイプではなかったので、自身の発見を発表しませんでした（最晩年には公表を考えたようですが）。非ユークリッド幾何学に世界の目を向けさせる役割は他の人々に任されました。その役を担ったのが、彼の友人であるハンガリーの数学者ボーヤイ・ヤーノシュや、ロシアのニコライ・ロバチェフスキーといった人々です。

ユークリッドが定式化した幾何学の先に、それとは別の形の幾何学の存在が発見されたわけですが、ユークリッド幾何学が間違っていたということではありません。異なる公理の集まりから出発すれば、異なる数学の系を構築することが可能であり、それぞれの系の内部は無矛盾であるということを示しているだけです。私たちは最初に、使いたい公理を選んで公理の集合を作ります。それらの公理は、互いに矛盾しない限り自由に選ぶことができます。次に、その公理の集合に基づいて定理を導き出し、証明を行います。数学者がこの作業に取り掛かる時には、当然ながら出発点として、実りある結果を生むのに役立つ、理にかなった前提と思える公理を選びます。20世紀の最初の25年間に、ドイツの数学者エルンスト・ツェルメロとドイツ生まれのイスラエルの数学者アブラハム・フレンケルが、ある公理の集合を作りました（ツェルメロ＝フレンケルの公理系と呼ばれています）。そこに選択公理と呼ばれるものを加えたZFC公理系が、現在において数学の最も一般的な基盤として受容されています。しかし、それが絶対なわけではありません。中核となる前提の集合をどんなふうに選んでも、数学を構築することはできます。

私たちが数学で選ぶ公理の多くは、私たち人類の直観に反しないように整えられています。人類とはまったく異なる身体的経験を持つ異星の種族は、私たちのものとはかけ離れた公理系から出発し、極めて異質な数学の体系に到達することでしょう。けれども、私たちがもしもそのエイリアン公理系から出発すれば、彼らとまったく同じ異質な数学の体系にたどり着くはずです。私たちが理解する限りにおいて、数学は普遍的です。どこか他の場所では、別の順序で大きく異なる道筋をたどって数学が発展しているかもしれませんが、出発点の前提とルールの集合を同じにすれば、不可避的に同じ理論と結論に行き着く——それが数学なのです。

謝辞

今回の本でも、著者ふたりのそれぞれの家族が愛と忍耐をもって支えてくれたことに、このうえなく感謝しています。Oneworld社〔原書出版社〕のスタッフにもお礼を申し上げます。特に編集者のサム・カーターと編集補佐のジョナサン・ベントリー＝スミスは、『奇妙な数学』シリーズの作業を楽しく進められるよう気を配ってくれました。奇妙な数学の世界にもっと触れたい方は、weirdmaths.com（本書英語版の公式サイト）を覗いてみて下さい。

〈図版クレジット〉

柴山英昭　p.31, p.49, p.68, p.103, p.105下, p.146, p.151右, p.152, p.159, p.166, p.168, p.180

Asuka, O　p.171, p.188

以下の図版はすべてクリエイティブ・コモンズ・ライセンス（表示4.0国際）のもとに掲載を許諾されています。いずれも彩色をグレースケールに改変。
p.105上 ©PrzemekMajewski

以下の図版はすべてクリエイティブ・コモンズ・ライセンス（表示3.0国際）のもとに掲載を許諾されています。いずれも彩色をグレースケールに改変。
p.156左 ©Truncated_octahedra.jpg: AndrewKepert, p.170 ©Evanherk, p.182 ©Sam Derbyshire, p.183 ©Krishnavedala
その他の図版・写真は、原著及びフリー素材（クリエイティブ・コモンズなど）からの引用と編集部の制作によるものです。

著者●アグニージョ・バナジー（Agnijo Banerjee）
2000年にインドのコルカタで生まれ、スコットランドのダンディー近郊のブローティ・フェリーで育つ。幼少時から傑出した数学の才能を示し、共著者のデイヴィッド・ダーリングの個人指導を受ける。13歳にしてメンサ［人口上位2パーセントのIQ（知能指数）を持つ人々が参加する国際グループ］のIQテストで最高点を記録した。2018年の国際数学オリンピックにおいて満点で1位になり、現在はケンブリッジ大学トリニティ・カレッジで数学の研究を続けている。著書に『天才少年が解き明かす奇妙な数学！』がある。

著者●デイヴィッド・ダーリング（David Darling）
1953年イギリス生まれ。シェフィールド大学で科学を学び、マンチェスター大学で天文学の博士号を取得。その後数年間アメリカのスーパーコンピューター製造企業クレイ・リサーチに勤務し、かたわら天文学雑誌に記事を執筆。1982年からはフリーのサイエンスライターとして活躍し、宇宙、物理学、哲学、数学の分野で50冊近い本を出版してきた。彼が運営するウェブサイトThe Worlds of David Darling（https://www.daviddarling.info）は過去20年にわたってオンラインリソースとして広く利用されている。

訳者●武井摩利（たけい まり）
翻訳家。東京大学教養学部教養学科卒業。主な訳書にN・スマート編『ビジュアル版世界宗教地図』（東洋書林）、B・レイヴァリ『船の歴史文化図鑑』（共訳、悠書館）、R・カプシチンスキ『黒檀』（共訳、河出書房新社）、M・D・コウ『マヤ文字解読』（創元社）、T・グレイ『世界で一番美しい元素図鑑』『世界で一番美しい分子図鑑』（同）『世界で一番美しい化学図鑑』（同）『天才少年が解き明かす奇妙な数学！』（同）などがある。

続・天才少年が解き明かす奇妙な数学！

2020年3月20日　第1版第1刷発行

著　　者　アグニージョ・バナジー、デイヴィッド・ダーリング
訳　　者　武井摩利
編集協力　緑慎也
発 行 者　矢部敬一
発 行 所　株式会社 創元社
https://www.sogensha.co.jp/
〔本社〕
〒541-0047 大阪市中央区淡路町4-3-6
Tel.06-6231-9010 Fax.06-6233-3111
〔東京支店〕
〒101-0051 東京都千代田区神田神保町1-2 田辺ビル
Tel.03-6811-0662

日本語版造本　長井究衡
印刷所　図書印刷株式会社

 ISBN978-4-422-41434-8 C0341